對本書的讚譽

「*Effective TypeScript* 探討使用 TypeScript 時最常見的問題，並提出實用的、結果導向的建議。無論你的 TypeScript 經驗如何，你都可以從本書學到一些東西。」

—*Ryan Cavanaugh*，微軟的 *TypeScript* 工程主管

「本書滿載著實用的配方，每位專業的 TypeScript 開發者都必須把這本書放在桌上。即使你認為你已經熟悉 TypeScript 了，買下這本書也絕對不會後悔。」

—*Yakov Fain*，*Java Champion*

「TypeScript 正主宰著開發領域…本書可協助開發人員更深入地瞭解 TypeScript，活用它強大的功能。」

—*Jason Killian*，*TypeScript NYC* 的聯合創辦人，以及前 *TSLint* 維護者

「本書不只探討 TypeScript 的功能，也指出每一種功能為何如此實用，以及該在何處運用哪些模式來取得最大的效果。本書旨在提供可在日常工作中實際運用的建議，理論的部分不多，剛好足以讓讀者瞭解每一件事的運作方式。雖然我自認為是進階的 TypeScript 使用者了，卻仍然可從本書學到許多新知識。」

—*Jesse Hallett*，*Originate* 的資深軟體工程師

Effective TypeScript 中文版

提昇 TypeScript 技術的 62 個具體作法

Effective TypeScript

62 Specific Ways to Improve Your TypeScript

Dan Vanderkam 著

賴屹民 譯

O'REILLY®

獻給 Alex。

你是我的理想型。

目錄

前言

我在 2016 年的春天前往 Google 的舊金山辦公室拜訪老同事 Evan Martin 時，問他當時最期待的事情是什麼。多年來，我不斷問他同一個問題，因為他的答案很廣泛，難以預測，但都很有趣，他以前的答案包括 C++ 組建工具、Linux 音訊驅動程式、線上填字遊戲、emacs 外掛程式等。這一次，Evan 最感興趣的是 TypeScript 與 Visual Studio Code。

我嚇一跳！當時的我已經聽過 TypeScript 了，但只知道它是 Microsoft 創造的，並且誤認為它與 .NET 有關。作為一位終生使用 Linux 的人，我難以置信 Evan 跳槽到微軟了。

後來，Evan 讓我看了 vscode 與 TypeScript playground 之後，我立刻被吸引了。我看到每一件東西的速度都很快，而且程式碼蘊含的智慧可讓我輕鬆地建構型態系統的心智模型。多年來，我一直幫 Closure Compiler 的 JSDoc 註釋編寫型態註記，認識 TypeScript 之後，我感覺它就是真正的有型態 JavaScript。Microsoft 甚至以 Chromium 為基礎做了一個跨平台的文字編輯器？或許這是一種值得學習的語言和工具鏈。

我當時剛加入 Sidewalk Labs，開始編寫第一個 JavaScript，當時的基礎程式還很小，所以 Evan 和我可以在幾天之內將它們全部轉換成 TypeScript。

自此之後，我就愛上它了。TypeScript 不僅是個型態系統，它也提供一整套快速、易用的語言服務，這些功能累積起來，使得 TypeScript 不但可讓你更安全地開發 JavaScript，也讓這個過程更有趣！

本書對象

Effective 書籍旨在成為該領域的「第二標準書籍」。如果你實際用過 JavaScript 與 TypeScript，你就可以從 *Effective TypeScript* 得到很多東西。這本書的目的不是教你 TypeScript 或 JavaScript，而是協助你從初學者變成中階用戶，再成為專家。本書實現這個目標的做法是協助你認識 TypeScript 和它的生態系統如何運作，讓你知道應避開哪些陷阱，並指引你用最有效的方式來使用 TypeScript 的許多功能。一般的參考書可能會介紹某種語言如何用五種方式來進行 X 工作，但 *Effective* 系列書籍會告訴你該使用這五種方式的哪一種，以及為何如此。

TypeScript 在過去幾年來經歷了快速的演變，希望它已經穩定下來了，好讓本書的內容在接下來的幾年內都是有效的。本書的主要目標是語言本身，不是任何框架或組建工具，你找不到任何例子說明如何連同 TypeScript 一起使用 React 或 Angular，或如何設置 TypeScript 來一起使用 webpack、Babel、Rollup。本書的建議與所有 TypeScript 用戶有關。

著作動機

當我開始在 Google 工作時，有人給我 *Effective C++* 的第三版，它不像我看過的程式書籍，它的寫法既不是為了讓初學者更容易瞭解這種語言，也不是全面性的指南，它不打算告訴你 C++ 有哪些功能，而是想要讓你知道如何使用它們，以及不該如何使用它們。它用幾十個簡短的、具體的項目，以及具體的例子來實現這個目標。

在使用語言的同時閱讀這些例子有顯而易見的效果。當時我已經用過 C++ 了，但這本書讓我第一次感受如此舒暢，它也讓我知道如何看待它提供的選擇。幾年之後，當我閱讀 *Effective Java* 與 *Effective JavaScript* 時也有類似的體驗。

如果你已經習慣使用幾種不同的程式語言了，直接探究新語言罕見的角落或許可以有效地挑戰你的思維模式，讓你學到它的獨到之處。在寫這本書的過程中，我也學到許多關於 TypeScript 的知識。希望你閱讀這本書時也有一樣的體驗！

本書結構

本書是由許多「項目」組成的，每一個項目都是一篇簡短的技術文章，針對 TypeScript 的某些層面提出具體的建議。我按照各種主題來將這些項目分成各章，不過你可以隨意選擇你感興趣的章節來閱讀。

每一個項目的標題都有關鍵的資訊，它們都是你在使用 TypeScript 時應該記住的事情，所以先瀏覽目錄，將它們記起來，對你將很有幫助。例如，如果你在撰寫註釋文件（documentation）時，糾結著要不要寫上型態資訊，你就要看項目 30：不要在註釋中重複撰寫型態資訊。

該項目的內容會說明標題指出該項建議的原因，並用具體的例子和技術論述來支持它。本書會用範例程式來展示幾乎每一個觀點。我在閱讀技術書籍時，往往會大略看一下文字的內容，再仔細研究範例程式，相信你也採取類似的做法。希望你可以好好地讀一下文字內容與解釋！但是你仍然可以藉著閱讀範例來掌握重點。

當你閱讀整個項目之後，你應該可以瞭解為何它能夠協助你有效地使用 TypeScript。如果它不適合在你面臨的情況下使用，你也有足夠的知識可以認知這一點。*Effective C++* 的作者 Scott Meyers 舉了一個令人印象深刻的例子來說明這件事。他曾經和一個飛彈軟體團隊一起開會，該團隊知道他們可以忽略他對於「不要洩漏原始碼」的建議，因為他們的程式一定會在飛彈擊中目標並炸碎硬體時終止。我不知道飛彈裡面有沒有 JavaScript runtime，但 James Webb 太空望遠鏡裡面有，總會有一些事情出乎意料。

最後，每一個項目最後都有「請記住」，它總結該項目的要點，如果你只想要大略瀏覽，可以閱讀這些要點來瞭解該項目的內容，以及確認自己是否需要更仔細地閱讀。閱讀項目的內容仍然是必要的！不過在緊要關頭，摘要可以幫上大忙。

TypeScript 範例程式的表示法

除了幾個可以從上下文明顯看出它們是 JSON、GraphQL 或其他語言的範例之外，本書的所有範例程式都是 TypeScript，絕大多數的 TypeScript 經驗都要透過程式編輯器來獲得，只閱讀文字很難產生相同的效果，所以我更改了一些文字符號，來讓你可以從中吸取經驗。

多數的編輯器都用彎底線來指出錯誤，你要將游標移到底線上的文字才能看到完整的錯誤訊息。所以在範例程式中，我會在出錯的程式的註釋的開頭加上幾個 ~ 來代表它是錯誤的：

```
let str = 'not a number';
let num: number = str;
// ~~~'string' 型態不能指派給 'number' 型態
```

有時我會修改錯誤訊息來讓內容更簡明，但絕對不會移除錯誤訊息。當你將範例程式複製 / 貼上至你的編輯器時，你可以看到一模一樣的錯誤訊息[譯註]。

譯註　本書會將這類訊息翻譯成中文，所以您無法看到一模一樣的訊息:)

我會用 // OK 來代表錯誤已被移除了：

```
let str = 'not a number';
let num: number = str as any; // OK
```

你可以將游標停在編輯器的代號上面來查看 TypeScript 認為它是什麼型態，在文字中，我在註釋的開頭使用「型態為」來指出這一點：

```
let v = {str: 'hello', num:42}; // 型態為 { str: string; num: number; }
```

註釋中的型態指的是該行的第一個代號的型態（在這個例子是 v），或是函式呼叫結果的型態：

```
'four score'.split(' '); // 型態為 string[]
```

這個型態與你在編輯器中看到的型態一樣。要查看函式呼叫式結果的型態，你要將它指派給一個臨時變數。

我有時會使用 no-op（無操作）陳述式來說明特定一行程式碼的變數的型態：

```
function foo(x: string|string[]) {
  if (Array.isArray(x)) {
    x; // 型態為 string[]
  } else {
    x; // 型態為 string
  }
}
```

只有 x; 的那兩行是為了展示它在條件式的各個分支的型態。你不必（也不應該）在自己的程式中加入這種陳述式。

除非上下文另有說明，否則範例程式都是用 --strict 旗標來檢查的，本書的範例都用 TypeScript 3.7.0-beta 確認過了。

本書編排慣例

本書使用下列的編排方式：

斜體字（*Italic*）

代表新術語、URL、email 地址、檔名，與副檔名。

定寬字（`Constant width`）

在長程式中使用，或是在文章中代表變數、函式名稱、資料庫、資料型態、環境變數、陳述式、關鍵字等程式元素。

定寬粗體字（**`Constant width bold`**）

代表應由使用者親自輸入的命令或其他文字。

定寬斜體字（*`Constant width italic`*）

應換成使用者提供的值的文字，或由上下文決定其值的文字。

這個圖案代表提示或建議。

這個圖案代表註解。

這個圖案代表警告或注意。

使用範例程式

你可以到 *https://github.com/danvk/effective-typescript* 下載補充教材（範例程式、習題等）。

如果你在使用範例程式時遇到技術性問題，可寄 email 至 *bookquestions@oreilly.com*。

本書旨在協助你完成工作。一般來說，除非你更動了程式的重要部分，否則你可以在自己的程式或文件中使用本書的程式碼而不需要聯繫出版社取得許可。例如，使用這本書的程式段落來編寫程式不需要取得許可。出售或發表 O'Reilly 書籍的範例需要取得許可。引用這本書的內容與範例程式碼來回答問題不需要取得許可。但是在產品的文件中大量使用本書的範例程式，則需要我們的授權。

我們感激你列出內容的出處，但不強制要求。出處一般包含書名、作者、出版社和 ISBN。例如：「*Effective TypeScript* by Dan Vanderkam (O'Reilly). Copyright 2020 Dan Vanderkam, 978-1-492-05374-3」。

如果你覺得自己使用範例程式的程度超出上述的允許範圍，歡迎隨時與我們聯繫：*permissions@oreilly.com*。

致謝

本書是在許多人的協助之下出版的，感謝 Evan Martin 介紹 TypeScript 給我，以及告訴我如何看待它。感謝 Douwe Osinga 搭起我和 O'Reilly 的橋梁，並且支援這個專案。感謝 Brett Slatkin 對結構的部分提出建議，以及讓我知道，原來我已經認識一位寫過 *Effective* 書籍的人了。感謝 Scott Meyers 發明這種寫作格式，以及他的「Effective *Effective* Books」部落格文章的關鍵指導。

感謝我的校閱 Rick Battagline、Ryan Cavanaugh、Boris Cherny、Yakov Fain、Jesse Hallett 與 Jason Killian。感謝多年來和我一起學習 TypeScript 的 Sidewalk 同事。感謝協助我完成這本書的每一位 O'Reilly 人員：Angela Rufino、Jennifer Pollock、Deborah Baker、Nick Adams 與 Jasmine Kwityn。感謝 TypeScript NYC 全體人員、Jason、Orta 與 Kirill，以及所有的演說者。許多項目的靈感都來自會議中的談話，茲列舉如下：

- 項目 3 的靈感來自 Evan Martin 的一篇部落格文章。當我剛開始學習 TypeScript 時，它對我有很大的啟發。
- 項目 7 的靈感來自 Anders 在 TSConf 2018 的演說中談到的關於結構性型態宣告與 `keyof` 的關係，以及 Jesse Hallett 在 2019 年 4 月的 TypeScript NYC Meetup 中的演說。
- Basarat 的指導以及 DeeV 和 GPicazo 在 Stack Overflow 中提供的解答是我在撰寫項目 9 時不可或缺的元素。
- 項目 10 根據 *Effective JavaScript*（Addison-Wesley）的項目 4 的類似建議。
- 項目 11 的靈感來自我在 2019 年 8 月的 TypeScript NYC Meetup 中，圍繞著該主題的群體混亂（mass confusion）。
- 在 Stack Overflow 上面有一些關於型態 vs. 介面的問題為項目 13 提供很大的幫助。Jesse Hallett 提出關於可擴展性的規劃。
- Jacob Baskin 鼓勵我撰寫項目 14 並且提供了早期的回饋。
- 項目 19 的靈感來自 reddit 的 r/typescript 版的一些範例程式。
- 項目 26 根據我自己在 Medium 上的寫作，以及我在 2018 年 10 月的 TypeScript NYC Meetup 上的演說。

- 項目 28 根據 Haskell 中常見的建議（「make illegal states unrepresentable」）。Air France 447 的靈感來自 Jeff Wise 在 2011 年 *Popular Mechanics* 中發表的一篇了不起的文章。
- 項目 29 根據我在使用 Mapbox 型態宣告時遇到的問題。標題的措詞是 Jason Killian 建議的。
- 在項目 36 中談到的關於命名的建議很常見，但是這一種做法的靈感來自 Dan North 在 *97 Things Every Programmer Should Know*（O'Reilly）中撰寫的短文。
- 項目 37 的靈感來自 Jason Killian 在 2017 年 9 月的第一場 TypeScript NYC Meetup 中的演說。
- 項目 41 根據 TypeScript 2.1 的發布說明。除了 TypeScript 編譯器本身之外，「evolving any」並未受到廣泛地使用，但我發現為這種不尋常的模式取一個名稱很有幫助。
- 項目 42 的靈感來自 Jesse Hallett 的部落格文章。項目 43 很大程度地受惠於 Titian Cernicova Dragomir 在 TypeScript 問題 #33128 中提出的回饋。
- 項目 44 根據 York Yao 製作的 `type-coverage` 工具。我一直希望有這種工具，後來它真的出現了！
- 項目 46 來自我在 2017 年 12 月的 TypeScript NYC Meetup 發表的演說。
- 項目 50 要感謝 David Sheldrick 在 *Artsy* 部落格關於條件型態的文章，那篇文章為我揭開這一個神秘話題的真相。
- 項目 51 的靈感來自 Steve Faulkner（southpolesteve）在 2019 年 2 月會議中的演說。
- 項目 52 來自我自己在 Medium 的著作，以及 typings-checker 工具的製作，這項工具後來被納入 dtslint。
- 項目 53 的靈感來自 Kat Busch 撰寫的一篇討論 TypeScript 的各種 enum 型態的 Medium 文章，以及 Boris Cherny 在 *Programming TypeScript*（O'Reilly）中對於這個主題的說明。
- 項目 54 的靈感來自我自己和我的同事對於這個主題的疑惑，Anders 在 TypeScript PR #12253 給出了最終的解釋。
- MDN 文件是項目 55 的關鍵元素。
- 項目 56 有一部分根據 *Effective JavaScript*（Addison-Wesley）的項目 35。
- 第 8 章根據我自己遷移老邁的 dygraphs 程式庫的經驗。

我在優秀的 reddit r/typescript 版找到許多成就本書的文章與演說，特別感謝在那裡提供範例程式的開發者，對 TypeScript 的初學者而言，它們是瞭解常見問題的重要資源。感謝 Marius Schulz 提供 TypeScript 週報，雖然它不是每週發表的，但它是讓我持續關注 TypeScript 的傑出來源。感謝 Anders、Daniel、Ryan 與 Microsoft 的整個 TypeScript 團隊對於這個主題的演說與回饋。我的多數問題都出於誤解，但是立刻看到 Anders Hejlsberg 親自修正我提出的 bug 是很滿足的事情！最後，感謝 Alex 在這個專案支持我，也感謝他理解我為了完成本書所需的所有工作假期、早晨、夜間與週末。

第一章

認識 TypeScript

在深入探討細節之前，本章將協助你認識 TypeScript 的全貌，包括它是什麼？你該如何看待它？它與 JavaScript 有什麼關係？它的型態是 nullable 與否？ any 又是什麼？ duck 呢？

TypeScript 有點像另類的語言，因為它既不是在解譯器中運行（就像 Python 與 Ruby 那樣），也不會被編譯成低階語言（像 Java 與 C 那樣），而是被編譯成另一種高階語言，也就是 JavaScript。實際執行程式的是 JavaScript，不是你的 TypeScript。所以 TypeScript 與 JavaScript 有很密切的關係，但是這種關係也是混亂的根源。瞭解這個關係可以幫助你成為更有效率的 TypeScript 開發者。

TypeScript 的型態系統也有一些你必須注意，而且非比尋常的層面。本章將更詳細地探討型態系統，但是這一個項目將告訴你它的一些驚奇之處。

項目 1：瞭解 TypeScript 與 JavaScript 的關係

當你使用 TypeScript 一段時間之後，難免會聽到「TypeScript 是 JavaScript 的超集合」或「TypeScript 是 JavaScript 的有型態（typed）超集合」之類的說法，它究竟是什麼意思？還有，TypeScript 與 JavaScript 之間有什麼關係？因為這兩種語言有緊密的連結，充分瞭解它們彼此的關係是善用 TypeScript 的基礎。

TypeScript 在語法意義上是 JavaScript 的超集合，只要你的 JavaScript 程式沒有任何語法錯誤，它也是 TypeScript 程式。TypeScript 的型態檢查器（type checker）可能會抓出程式中的一些問題，不過這是另一個問題。TypeScript 仍然會解析你的程式，並輸出 JavaScript（這是它們之間的關係的另一項要素，項目 3 將更深入探討）。

TypeScript 檔使用 *.ts*（或 *.tsx*）副檔名，而不是 JavaScript 檔的 *.js* （或 *.jsx*）副檔名，但這不意味著 TypeScript 是完全不同的語言！因為 TypeScript 是 JavaScript 的超集合，所以 *.js* 檔案裡面的程式碼就是 TypeScript 了，將 *main.js* 改名為 *main.ts* 不會改變它。

如果你要將既有的 JavaScript 程式改成 TypeScript，知道這件事有很大的幫助，因為這代表你不需要將任何程式碼寫成另一種語言就可以使用 TypeScript，並且獲得它提供的好處了。但是如果你要將 JavaScript 改寫成 Java 之類的語言，事情就沒那麼簡單了。這個親切的遷移路徑是 TypeScript 最棒的功能之一，第 8 章會更仔細地討論這個主題。

所有的 JavaScript 程式都是 TypeScript 程式，但有些 TypeScript 不是 JavaScript 程式，因為 TypeScript 會加入額外的型態指定語法（它也會加入一些其他的語法，大部分都是出於歷史因素，見項目 53）。

例如，這是有效的 TypeScript 程式：

```
function greet(who: string) {
  console.log('Hello', who);
}
```

但是當你用 node 之類期望收到 JavaScript 的程式來執行它時，你會看到錯誤：

```
function greet(who: string) {
                  ^

SyntaxError: Unexpected token :
```

`: string` 是 TypeScript 專屬的型態註記（annotation）。一旦你使用它，你的程式就不是一般的 JavaScript 了（見圖 1-1）。

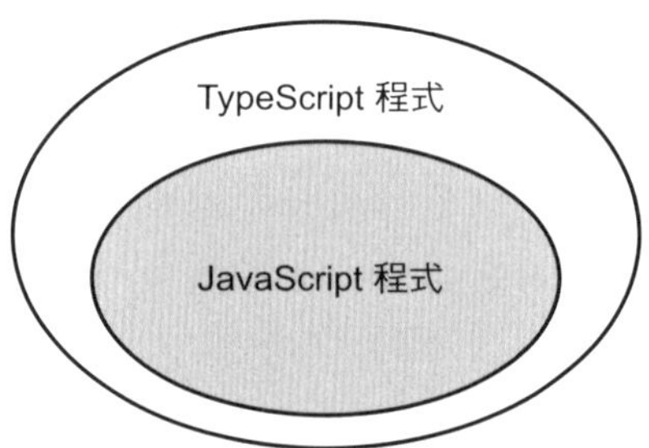

圖 1-1　所有的 JavaScript 都是 TypeScript，但是並非所有的 TypeScript 都是 JavaScript

但是這不代表一般的 JavaScript 程式無法從 TypeScript 得到好處，其實有！例如，這段 JavaScript 程式：

```
let city = 'new york city';
console.log(city.toUppercase());
```

會在執行時丟出錯誤：

```
TypeError: city.toUppercase is not a function
```

這段程式沒有型態註記，但是 TypeScript 的型態檢查器仍然可以發現問題：

```
let city = 'new york city';
console.log(city.toUppercase());
            // ~~~~~~~~~~~ 'string' 型態沒有 'toUppercase' 屬性
            //             你是指 'toUpperCase' 嗎？
```

你不需要告訴 TypeScript `city` 的型態是 `string`，它可以從初始值推斷出來。型態推斷是 TypeScript 的重點，第 3 章會介紹如何活用它。

TypeScript 的型態系統有一個目的是在不需要執行程式的情況下，找出會在執行期丟出例外的程式碼。有人說 TypeScript 是「靜態」型態系統，他們就是在說這件事。型態檢查器不一定可以找出所有會導致例外的程式，但它會試著尋找。

就算你的程式不會丟出例外，它的行為也有可能出乎意料，TypeScript 也會試著抓到這類的問題。例如，這段 JavaScript 程式：

```
const states = [
  {name:'Alabama', capital: 'Montgomery'},
  {name:'Alaska',  capital: 'Juneau'},
  {name:'Arizona', capital: 'Phoenix'},
  // ...
];
for (const state of states) {
  console.log(state.capitol);
}
```

會 log：

```
undefined
undefined
undefined
```

咦！哪裡錯了？這段程式是有效的 JavaScript（所以也是有效的 TypeScript），而且它在執行時沒有丟出任何錯誤。但是它的行為顯然出乎你的預期。就算沒有加入型態註記，TypeScript 的型態檢查器也可以發現錯誤（並且提供實用的建議）：

```
for (const state of states) {
  console.log(state.capitol);
                // ~~~~~~~ '{ name: string; capital: string; }' 型態
                //         沒有 'capitol' 屬性。
                //         你指的是 'capital' 嗎？
}
```

雖然即使你沒有提供型態註記，TypeScript 也可以抓到錯誤，但如果你提供型態註記，它可以把工作做得更徹底，因為型態註記可以讓 TypeScript 知道你的**意圖**，進而發現程式碼有哪些行為與意圖不符。例如，如果你將上一個範例的 capital/capitol 拼字錯誤對調會如何？

```
const states = [
  {name:'Alabama', capitol: 'Montgomery'},
  {name:'Alaska',  capitol: 'Juneau'},
  {name:'Arizona', capitol: 'Phoenix'},
  // ...
];
for (const state of states) {
  console.log(state.capital);
                 // ~~~~~~~  '{ name: string; capitol: string; }' 型態
                 //          沒有 'capital' 屬性。
                 //          你指的是 'capitol' 嗎？
}
```

曾經正確的錯誤訊息現在完全錯了！原因出在你用兩種不同的方式來拼寫同一個屬性，所以 TypeScript 不知道哪一個是對的。它可以用猜的，但結果不一定對。解決的辦法是明確地宣告 states 的型態來表明意圖：

```
interface State {
  name: string;
  capital: string;
}
const states:State[] = [
  {name: 'Alabama', capitol: 'Montgomery'},
                // ~~~~~~~~~~~~~~~~~~~~~~
  {name: 'Alaska', capitol: 'Juneau'},
                // ~~~~~~~~~~~~~~~~~
  {name: 'Arizona', capitol: 'Phoenix'},
```

```
                  // ~~~~~~~~~~~~~~~~~~ 常值物件只能指定既有的屬性，
                  //         但是 'State' 裡面沒有 'capitol'。
                  //         你想要寫 'capital' 嗎？
  // ...
];
for (const state of states) {
  console.log(state.capital);
}
```

現在錯誤訊息與問題相符，它建議修改的地方也是對的。藉著指明意圖，你也可以協助 TypeScript 找出其他潛在的問題。例如，一旦你在陣列中拼錯一次 capitol，你就不會看到之前的那種錯誤了。因為有型態註記，你會看到：

```
const states:State[] = [
  {name: 'Alabama', capital: 'Montgomery'},
  {name: 'Alaska',  capitol: 'Juneau'},
                 // ~~~~~~~~~~~~~~~~~ 你想要寫 'capital' 嗎？
  {name: 'Arizona', capital: 'Phoenix'},
  // ...
];
```

我們可以在文氏圖（Venn diagram）加入一個新的程式種類：通過型態檢查的 TypeScript 程式（見圖 1-2）。

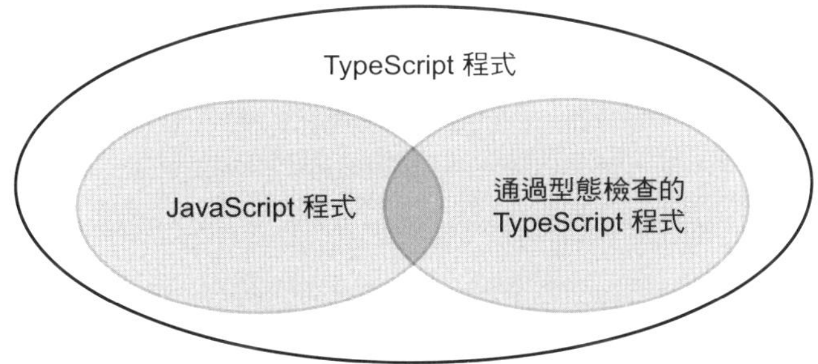

圖 1-2　所有 JavaScript 程式都是 TypeScript 程式，但是只有一些 JavaScript（與 TypeScript）程式通過型態檢查

如果你覺得「TypeScript 是 JavaScript 的超集合」這句話不太對，或許是因為你考慮了圖中的第三種程式。在實務上，這種程式是在日常使用 TypeScript 時，最重要的一種，因為當你使用 TypeScript 時，你通常會試著讓程式通過所有的型態檢查。

TypeScript 的型態系統會模擬 JavaScript 的執行期行為，如果你用過會在執行期進行嚴格檢查的語言，這種行為可能會嚇你一跳，例如：

```
const x = 2 + '3';    // OK，型態是字串
const y = '2' + 3;    // OK，型態是字串
```

這些陳述式都通過型態檢查，即使它們有些問題，會在許多其他語言中產生執行期錯誤。但是它的確模擬了 JavaScript 的執行期行為，讓兩個運算式都產生字串 "23"。

不過 TypeScript 有時也會劃下紅線，型態檢查器認為這些陳述式是有問題的，即使它們在執行期不會丟出例外：

```
const a = null + 7;  // 在 JS 中的結果是 7，
       // ~~~~ 運算子 '+' 無法用於型態 …
const b = [] + 12;  // 在 JS 中的結果是 '12'，
       // ~~~~~~~ 運算子 '+' 無法用於型態 …
alert('Hello', 'TypeScript');  // 提示 "Hello"
       // ~~~~~~~~~~~~ 預計收到 0-1 個引數，但收到 2 個
```

TypeScript 型態系統的原則是它必須模擬 JavaScript 的執行期行為，但是在上面的情況下，TypeScript 傾向認為那些奇怪的用法是錯誤的，不是出自開發者的意圖，所以它不只單純模擬執行期行為。我們也在 `capital/capitol` 範例中看了另一個例子，那段程式沒有丟出錯誤（它會 log `undefined`），但是型態檢查器仍然指出錯誤。

TypeScript 如何決定何時該模擬 JavaScript 的執行期行為，何時該超出那個範疇？其實規則是很主觀的，採用 TypeScript 代表你信任它的製作團隊的判斷。如果你喜歡將 `null` 與 `7` 相加，或將 `[]` 與 `12` 相加，或是在呼叫函式時傳入沒必要的引數，TypeScript 可能不適合你！

通過型態檢查的程式有沒有可能在執行期丟出錯誤？答案是「有可能」。舉個例子：

```
const names = ['Alice', 'Bob'];
console.log(names[2].toUpperCase());
```

當你執行它時，它會丟出：

```
TypeError: Cannot read property 'toUpperCase' of undefined
```

TypeScript 假設陣列的讀取都要在範圍之內，但它沒有，結果就是丟出例外。

使用 any 型態經常會導致未被抓到的錯誤，我們將在項目 5 說明這件事，並且在第 5 章更深入地探討它。

這些例外的根本原因在於 TypeScript 對值的型態的理解與現實不符。如果一個型態系統能夠保證靜態型態的精確性，那種系統就是**完善的**（*sound*）。TypeScript 的型態系統非常不完善，它也不打算如此。如果完善性對你來說很重要，你可能要改用 Reason 或 Elm 等其他語言，雖然它們更能夠保證執行期安全，但是這是需要代價的：它們都不是 JavaScript 的超集合，所以遷移過去複雜許多。

請記住

- TypeScript 是 JavaScript 的超集合。換句話說，所有的 JavaScript 程式都已經是 TypeScript 程式了。TypeScript 有一些獨有的語法，所以 TypeScript 程式通常不是有效的 JavaScript 程式。
- TypeScript 用型態系統來模擬 JavaScript 的執行期行為，它也會試著找出會在執行期丟出例外的程式。但請勿期待它會找出每一個例外。即使你的程式通過型態檢查，有時它也會在執行期丟出例外。
- 雖然 TypeScript 的型態系統在很大程度上模擬 JavaScript 的行為，但有一些結構是 JavaScript 允許，但 TypeScript 禁止的，例如在呼叫函式時，傳入數量錯誤的引數。允許與否的規則是 TypeScript 主觀決定的。

項目 2：知道你正在使用哪些 TypeScript 選項

這段程式可以通過型態檢查嗎？

```
function add(a, b) {
  return a + b;
}
add(10, null);
```

如果不知道你正在使用哪些選項（option），你就很難說出答案！ TypeScript 編譯器有大量的選項組合，在行文至此時，有接近 100 個。

你可以用命令列設定它們：

```
$ tsc --noImplicitAny program.ts
```

或是用組態檔 *tsconfig.json*：

```
{
  "compilerOptions": {
    "noImplicitAny": true
  }
}
```

建議你盡量使用組態檔，因為它可以確保你的同事和工具精確地掌握你打算如何使用 TypeScript。你可以藉由執行 `tsc --init` 來建立一個組態檔。

許多 TypeScript 組態都是為了控制它該去哪裡尋找原始檔，以及要產生哪一種輸出。但是語言本身也有一些控制核心層面，它們都是高階的設計選項，大多數的語言都沒有開放這些選項給用戶。當 TypeScript 使用不同的組態設置時，它感覺起來可能會變成差異極大的語言。若要有效地使用它，你就要瞭解這些組態中最重要的兩項：`noImplicitAny` 與 `strictNullChecks`。

`noImplicitAny` 控制變數是否必須是已知的型態。下面這段程式在 `noImplicitAny` 關閉時是有效的：

```
function add(a, b) {
  return a + b;
}
```

如果你在編輯器內將滑鼠移到 `add` 符號上面，它會顯示 TypeScript 推斷出來的函式型態：

```
function add(a: any, b: any): any
```

`any` 型態可以讓型態檢查器停止對牽涉這些參數的任何程式進行檢查。`any` 是實用的工具，但是必須謹慎使用。項目 5 和第 3 章會更深入地探討 `any`。

它們稱為**隱性的** `any`，因為雖然你沒有親手輸入「any」這個字，卻還是會遇到使用 `any` 型態的危險。如果你設定 `noImplicitAny` 選項，那段程式就會出錯：

```
function add(a, b) {
          // ~    參數 'a' 是隱性的 'any' 型態
          //    ~ 參數 'b' 是隱性的 'any' 型態
  return a + b;
}
```

你可以藉著明確地宣告型態來修正這些錯誤，無論是使用： any，還是使用更具體的型態：

```
function add(a: number, b: number) {
  return a + b;
}
```

一旦 TypeScript 擁有型態資訊，它就可以發揮最大的效果，所以你要盡可能地設定 noImplicitAny。當你習慣使用具備型態的變數之後，未啟用 noImplicitAny 的 TypeScript 感覺起來幾乎就像個全然不同的語言。

在你開始新專案的時候，你應該在一開始打開 noImplicitAny，讓你必須在編寫程式的同時編寫型態。這可以協助 TypeScript 發現問題，改善程式的易讀性，並提升你的開發體驗（見項目 6）。除非你要將 JavaScript 專案變成 TypeScript，否則不要關閉 noImplicitAny（見第 8 章）。

strictNullChecks 則是控制每一種型態可否使用 null 和 undefined 值。

下面這段程式在 strictNullChecks 關閉時是有效的：

```
const x: number = null;   // OK，null 是有效的數字
```

但是當你開啟 strictNullChecks 時，你會看到錯誤：

```
const x: number = null;
//    ~ 型態 'null' 無法指派給型態 'number'
```

將 null 換成 undefined 也會出現類似的錯誤。

如果你想要允許 null，你可以表明意圖來修正錯誤：

```
const x: number | null = null;
```

如果你不想允許 null，你就要找出它的來源，並加入檢查程式或斷言（assertion）：

```
  const el = document.getElementById('status');
  el.textContent = 'Ready';
// ~~ 物件可能是 'null'

  if (el) {
    el.textContent = 'Ready';   // OK，null 已經被排除了
  }
  el!.textContent = 'Ready';    // OK，我們斷言 el 不是 null
```

strictNullChecks 非常適合用來捕捉涉及 null 和 undefined 值的錯誤，但也會提升語言的使用難度。如果你準備開啟一項新專案，可試著設定 strictNullChecks，但是如果你是這種語言的新手，或是想要從 JavaScript 基礎程式遷移過來，你就要將它關閉。在設定 strictNullChecks 之前，你當然要設定 noImplicitAny。

如果你不使用 strictNullChecks，請特別留意可怕的「undefined is not an object」執行期錯誤，只要有這類的錯誤，就代表你要考慮啟用更嚴格的檢查。改變這項設定會隨著專案的成長而越來越麻煩，所以你要儘早啟用它。

許多其他的設定也會影響語言的語義（例如 noImplicitThis 與 strictFunctionTypes），但是它們的影響力沒有 noImplicitAny 和 strictNullChecks 那麼大。你可以打開 strict 設定來啟用這些檢查，TypeScript 可以在啟用 strict 時抓到大多數的錯誤，所以你通常終究會啟用它。

你一定要知道你正在使用哪些選項！如果有一位同事給你一個 TypeScript 範例，但你無法重現它的錯誤，務必設定同一種編譯器選項。

請記住

- TypeScript 編譯器有一些設定會影響語言的核心層面。
- 使用 *tsconfig.json* 來設定 TypeScript，不要使用命令列選項。
- 除非你要將 JavaScript 專案轉換成 TypeScript，否則請打開 noImplicitAny。
- 使用 strictNullChecks 來防止「undefined is not an object」之類的執行期錯誤。
- 盡量啟用 strict 來讓 TypeScript 提供最仔細的檢查。

項目 3：程式碼的生成與型態無關

從高層來看，tsc（TypeScript 編譯器）有兩項工作：

- 將次世代的 TypeScript/JavaScript 轉換（「transpiling」）為可在瀏覽器中運行的舊版 JavaScript。
- 檢查程式中的型態錯誤。

令人驚訝的是，這兩項工作完全互不相干。換句話說，程式內的型態不會影響 TypeScript 輸出的 JavaScript。因為你實際執行的是 JavaScript，所以型態不會影響程式碼的運行方式。

這件事隱含著一些令人驚訝的情況，可讓你瞭解 TypeScript 可以做什麼，不能做什麼。

有型態錯誤的程式可產生輸出

因為輸出的程式碼與型態檢查的結果完全無關，所以型態有誤的程式可以產生輸出！

```
$ cat test.ts
let x = 'hello';
x = 1234;
$ tsc test.ts
test.ts:2:1 - error TS2322: Type '1234' is not assignable to type 'string'

2 x = 1234;
  ~

$ cat test.js
var x = 'hello';
x = 1234;
```

如果你用過 C 或 Java 之類的語言（型態檢查的結果與輸出息息相關的），你可能會被這種情況嚇一跳。你可以將 TypeScript 的錯誤（error）視為那些語言的警告訊息（warning）：雖然它們可能指出一個值得追查的問題，但不會中斷組建程序。

編譯型態檢查

這種情況可能是許多關於 TypeScript 且不精確的用語的根源。你可能會聽到有人將有錯誤的 TypeScript 程式說成它「無法編譯」，但是這種說法在技術上是不精確的！生成程式碼的程序才叫做「編譯」。只要你的 TypeScript 是有效的 JavaScript（甚至即使它不是），TypeScript 編譯器就可以產生輸出。所以比較好的說法是「程式碼有錯誤」，或它「沒有通過型態檢查」。

在實務上，即使程式碼有錯，輸出它們也是有益的，如果你正在建構 web app，你或許已經知道它的某個部分有問題了，不過因為 TypeScript 即使有錯誤也可以產生程式碼，你可以先測試 app 的其他部分，再修正它們。

你必須確保程式碼在送出去的時候沒有錯誤，以免必須記住有哪些錯誤一定會出現，哪些是出乎意料的錯誤。如果你想要在有錯誤時停止輸出，你可以使用 *tsconfig.json* 的 `noEmitOnError` 選項，或組建工具的等效選項。

你無法在執行期檢查 TypeScript 型態

你可能想要寫這種程式：

```
interface Square {
  width: number;
}
interface Rectangle extends Square {
  height: number;
}
type Shape = Square | Rectangle;

function calculateArea(shape: Shape) {
  if (shape instanceof Rectangle) {
                    // ~~~~~~~~~ 'Rectangle' 只能代表型態，
                    //           但是在這裡被當成值來使用
    return shape.width * shape.height;
                    //         ~~~~~~ 'Shape' 型態裡面沒有
                    //                'height' 屬性
  } else {
    return shape.width * shape.width;
  }
}
```

`instanceof` 是在執行期檢查的，但是因為 `Rectangle` 是一種型態，所以它無法影響程式的執行期行為。TypeScript 的型態是「可移除的」，在它被編譯成 JavaScript 的過程中，它的所有 `interface`、`type` 與型態註記都會被移除。

若要確定你正在處理的 shape 的型態，你必須設法在執行期重建它的型態。在這個例子中，你可以檢查它有沒有 `height` 屬性：

```
function calculateArea(shape: Shape) {
  if ('height' in shape) {
    shape;  // 型態是 Rectangle
    return shape.width * shape.height;
  } else {
    shape;  // 型態是 Square
    return shape.width * shape.width;
  }
}
```

這種做法可行的原因是檢查屬性只會使用執行期可用的值，但它仍然可讓型態檢查器將 shape 的型態細分為 Rectangle。

另一種做法是用「標籤（tag）」來明確地儲存型態，以便在執行期使用：

```
interface Square {
  kind: 'square';
  width: number;
}
interface Rectangle {
  kind: 'rectangle';
  height: number;
  width: number;
}
type Shape = Square | Rectangle;

function calculateArea(shape:Shape) {
  if (shape.kind === 'rectangle') {
    shape;  // 型態是 Rectangle
    return shape.width * shape.height;
  } else {
    shape;  // 型態是 Square
    return shape.width * shape.width;
  }
}
```

這裡的 Shape 型態是一種「tagged union（加上標籤的聯集）」，因為它可以讓你在執行期輕鬆地取回型態資訊，所以它在 TypeScript 中很常見。

有些結構可同時加入型態（在執行期不存在）與值（存在），class 關鍵字就是其中一種。修正這項錯誤的另一種方式是製作 Square 與 Rectangle 類別：

```
class Square {
  constructor(public width: number) {}
}
class Rectangle extends Square {
  constructor(public width: number, public height: number) {
    super(width);
  }
}
type Shape = Square | Rectangle;

function calculateArea(shape: Shape) {
  if (shape instanceof Rectangle) {
    shape;  // 型態是 Rectangle
```

```
    return shape.width * shape.height;
  } else {
    shape;  // 型態是 Square
   return shape.width * shape.width;  // OK
  }
}
```

這種作法之所以可行是因為 `class Rectangle` 有型態與值，但是 `interface` 只有型態。

在 `type Shape = Square | Rectangle` 裡面的 `Rectangle` 是**型態**，但是在 `shape instanceof Rectangle` 裡面的 `Rectangle` 是**值**，這個區別非常重要，但很容易被忽略。詳情見項目 8。

型態操作不會影響執行期的值

假設你有一個可能是字串，也有可能是數字的值，你想要將它正規化，讓它永遠都是數字，下面的寫法雖然可以通過型態檢查，但其實是錯的：

```
function asNumber(val: number | string): number {
  return val as number;
}
```

從生成的 JavaScript 可以清楚地看到這個函式真正的行為：

```
function asNumber(val) {
  return val;
}
```

它完全沒有做轉換，`as number` 是一種型態操作，所以它無法影響程式的執行期行為。若要將值正規化，你必須使用 JavaScript 結構來檢查它的執行期型態，並進行轉換：

```
function asNumber(val: number | string): number {
  return typeof(val) === 'string' ? Number(val) : val;
}
```

（`as number` 是一種型態斷言（*type assertion*），關於它的使用時機，請參考項目 9。）

執行期的型態可能與宣告的型態不一樣

這個函式會不會執行結尾的 `console.log`？

```
function setLightSwitch(value: boolean) {
  switch (value) {
    case true:
      turnLightOn();
      break;
    case false:
      turnLightOff();
      break;
    default:
      console.log(`I'm afraid I can't do that.`);
  }
}
```

TypeScript 通常可以指出死碼（dead code），但是在這個例子裡面，它沒有發出這種抱怨，即使你打開 `strict` 選項也是如此。既然如此，你該如何進入這個分支？

關鍵在於，你要記得 `boolean` 是**宣告的**型態，因為它是 TypeScript 型態，所以在執行期會消失。在 JavaScript 程式中，使用者可能會在呼叫 `setLightSwitch` 時不小心傳入 `"ON"` 之類的值。

在純 TypeScript 中，也有很多種方式可以進入這個路徑，或許這個函式被呼叫時，收到來自網路呼叫式的值：

```
interface LightApiResponse {
  lightSwitchValue: boolean;
}
async function setLight() {
  const response = await fetch('/light');
  const result: LightApiResponse = await response.json();
  setLightSwitch(result.lightSwitchValue);
}
```

雖然你宣告了 `/light` 請求的結果是 `LightApiResponse`，但是這個宣告沒有強制性，如果你誤解這個 API，讓 `lightSwitchValue` 是個 `string`，你就會在執行期將 string 傳給 `setLightSwitch`。或是另一種情況，API 在你部署程式之後被改變了。

如果你的執行期型態與宣告時的型態不符，TypeScript 會相當困惑，這是你要盡量避免的情況。但是請注意，值的型態也有可能與你當初宣告的不同。

你不能用 TypeScript 型態來多載函式

C++ 之類的語言可讓你將同一個函式定義成不同的版本，它們之間只有參數的型態不同，這種機制稱為「函式多載」。因為程式的執行期行為與它的 TypeScript 型態完全無關，下面這種架構在 TypeScript 中不能使用：

```
function add(a: number, b: number) { return a + b; }
      // ~~~ 重複實作函式
function add(a: string, b: string) { return a + b; }
      // ~~~ 重複實作函式
```

TypeScript 有函式多載機制，但是它是完全在型態層面上運作的。你可以用多個宣告式宣告同一個函式，但實作只有一個：

```
function add(a: number, b: number): number;
function add(a: string, b: string): string;

function add(a, b) {
  return a + b;
}

const three = add(1, 2);       // 型態是 number
const twelve = add('1', '2');  // 型態是 string
```

add 的前兩個宣告式只提供型態資訊，當 TypeScript 生成 JavaScript 時會將它們移除，只實作其餘的部分（如果你使用這種風格的多載，可先參考項目 50，裡面有一些需要注意的細節）。

TypeScript 型態不影響執行期性能

因為型態與型態操作都會在生成 JavaScript 時移除，所以它們不影響執行期的性能。TypeScript 的靜態型態其實是零成本的。如果你聽到有人說他不使用 TypeScript 的理由是它們有執行期成本，你就知道他們到底有沒有驗證這種說法了！

對此有兩件必須注意的事情：

- 雖然 TypeScript 沒有**執行期**成本，但它會產生**組建期**成本。TypeScript 團隊很重視編譯器的性能，它的編譯速度通常很快，尤其是在漸進（incremental）組建時。如果額外的成本明顯增加，你可能要設定組建工具的「只轉譯（transpile only）」選項來跳過型態檢查。

- TypeScript 為了支援舊 runtime 而輸出的程式與原生的實作相較之下，**可能**需要付出額外的性能成本。例如，如果你使用 generator 函式，並且想要輸出 ES5 版（比 generator 更早出現），`tsc` 會輸出一些輔助程式來實現這項功能，可能需要付出一些原生的 generator 實作沒有的成本。但無論如何，它們只與輸出的目標和語言層級有關，仍然與**型態**無關。

請記住

- 程式碼的生成與型態系統無關。也就是說，TypeScript 的型態不會影響程式的執行期行為或性能。
- 有型態錯誤的程式也有機會變成程式碼（「編譯」）。
- TypeScript 的型態在執行期是無效的。若要在執行期查詢型態，你必須設法重建它，通常要使用 tagged union，以及屬性檢查。有些結構（例如類別）會同時使用 TypeScript 型態與可在執行期使用的值。

項目 4：熟悉結構性定型

JavaScript 實質上是鴨子定型的（duck typed）：當你向函式傳入一個所有屬性都正確的值時，它不會在乎你是如何建立那個值的，它會直接使用它（「如果牠走路的樣子像鴨子，叫聲也像鴨子…」）。TypeScript 會模擬這種行為，有時會導致出乎意料的結果，因為型態檢查器對型態的理解可能比你想像的更廣泛。充分瞭解 structural typing（結構性定型）可以幫助你理解 error 與非 error，讓你寫出更穩健的程式。

假如你正在編寫一個物理程式庫，它有一個 2D 向量型態：

```
interface Vector2D {
  x: number;
  y: number;
}
```

你寫了一個函式來計算它的長度：

```
function calculateLength(v: Vector2D) {
  return Math.sqrt(v.x * v.x + v.y * v.y);
}
```

你加入一個具名向量的概念：

```
interface NamedVector {
  name: string;
  x: number;
  y: number;
}
```

此時 calculateLength 函式可以處理 NamedVectors，因為它們有 x 與 y 屬性，它們都是 number。TypeScript 可以聰明地判斷出這一點：

```
const v: NamedVector = { x: 3, y: 4, name: 'Zee' };
calculateLength(v);  // OK，結果是 5
```

有趣的是，你從未宣告 Vector2D 和 NamedVector 之間的關係。你也不需要幫 NamedVector 寫另一個 calculateLength。TypeScript 的型態系統可以模擬 JavaScript 的執行期行為（項目 1）。因為 NamedVector 的結構與 Vector2D 相容，所以你可以在呼叫 calculateLength 時使用 NamedVector。這就是「structural typing」這個術語的由來。

但是它可能也會產生問題。假如你加入一個 3D 向量型態：

```
interface Vector3D {
  x: number;
  y: number;
  z: number;
}
```

並且寫了一個函式來將它們正規化（把它們的長度變成 1）：

```
function normalize(v: Vector3D) {
  const length = calculateLength(v);
  return {
    x: v.x / length,
    y: v.y / length,
    z: v.z / length,
  };
}
```

呼叫這個函式可能會得到比單位長度更長的結果：

```
> normalize({x: 3, y: 4, z: 5})
{ x: 0.6, y: 0.8, z: 1 }
```

哪裡錯了？為什麼 TypeScript 不能抓到錯誤？

bug 在於 calculateLength 處理的是 2D 向量，但是 normalize 處理的是 3D 向量，所以在正規化的時候，z 元件被忽略了。

或許更令人驚訝的是，型態檢查器無法抓到這個問題。為什麼 calculateLength 的型態宣告式已經指明它想接收 2D 向量了，卻仍然可以用 3D 向量來呼叫？

可以妥善處理具名向量的機制在此卻失效了，用 {x, y, z} 物件來呼叫 calculateLength 不會丟出錯誤。所以型態檢查器也不會發出抱怨，進而導致 bug（有一些做法可以讓它成為 error，項目 37 會回來討論這個例子）。

當你編寫函式時，很容易想像當它被呼叫時，它收到的引數有你宣告的屬性，且**除此之外沒有別的東西**。這種型態稱為「sealed（密封的）」或「precise（精確的）」型態，但 TypeScript 的型態系統無法表示它們。無論你喜不喜歡，你的型態都是「open（開放）」的。

有時這會造成一些意外：

```
function calculateLengthL1(v: Vector3D) {
  let length = 0;
  for (const axis of Object.keys(v)) {
    const coord = v[axis];
               // ~~~~~~~ 元素的型態是隱性的 'any'，因為 …
               //         'string' 無法用來檢索 'Vector3D'
    length += Math.abs(coord);
  }
  return length;
}
```

為什麼錯誤？因為 axis 是 v 的鍵之一，v 是 Vector3D，所以 axis 應該是 "x"、"y" 或 "z"。根據 Vector3D 的宣告式，它們都是 number，難道 coord 的型態不是 number 嗎？

這個錯誤是錯的嗎？非也！ TypeScript 的抱怨是對的。上述的邏輯假設 Vector3D 是 sealed，沒有其他的屬性，但是它可能擁有其他屬性：

```
const vec3D = {x: 3, y: 4, z: 1, address: '123 Broadway'};
calculateLengthL1(vec3D);  // OK，回傳 NaN
```

因為 v 可能擁有任何屬性，所以 axis 的型態是 string。TypeScript 沒有理由將 v[axis] 視為數字，因為如你所見，它也有可能不是。有時你很難寫出正確的物件迭代操作。項目 54 會回來討論這個主題。不過在這個例子中，不使用迴圈來實作比較好：

```
function calculateLengthL1(v: Vector3D) {
  return Math.abs(v.x) + Math.abs(v.y) + Math.abs(v.z);
}
```

structural typing 也有可能在 class 中造成意外，類別是藉由比較結構來判斷是否可賦值的：

```
class C {
  foo: string;
  constructor(foo: string) {
    this.foo = foo;
  }
}

const c = new C('instance of C');
const d: C = { foo: 'object literal' };  // OK!
```

為何 d 對 C 而言是可賦值的？因為它有一個 string 型態的 foo 屬性，它也有一個可以用一個引數來呼叫的 constructor（來自 Object.prototype，雖然它通常是用零引數來呼叫的），所以兩者的結構相符。如果你在 C 的建構式裡面放入一些邏輯，而且你有一個函式假設那些邏輯會被執行，你可能會遇到意外的情況。這種行為與 C++ 或 Java 等語言有很大的差異，在那些語言中，當你宣告一個 C 型態的參數時，它一定是 C 或其子類別。

structural typing 在你編寫測試程式時非常方便。假設有一個函式可以對資料庫執行查詢，並且處理結果：

```
interface Author {
  first: string;
  last: string;
}
function getAuthors(database: PostgresDB): Author[] {
  const authorRows = database.runQuery(`SELECT FIRST, LAST FROM AUTHORS`);
  return authorRows.map(row => ({first: row[0], last: row[1]}));
}
```

你可以建立一個 PostgresDB mock 來測試它，但是比較好的做法是使用 structural typing，並且定義較窄的介面：

```
interface DB {
  runQuery: (sql: string) => any[];
}
function getAuthors(database: DB): Author[] {
  const authorRows = database.runQuery(`SELECT FIRST, LAST FROM AUTHORS`);
  return authorRows.map(row => ({first: row[0], last: row[1]}));
}
```

在生產環境中，你仍然可以將 PostgresDB 傳給 getAuthors，因為它有一個 runQuery 方法。因為 structural typing，PostgresDB 不需要聲明它實作了 DB，TypeScript 可以認知這個事實。

當你編寫測試程式時，你可以傳入更簡單的物件：

```
test('getAuthors', () => {
  const authors = getAuthors({
    runQuery(sql: string) {
      return [['Toni', 'Morrison'], ['Maya', 'Angelou']];
    }
  });
  expect(authors).toEqual([
    {first: 'Toni', last: 'Morrison'},
    {first: 'Maya', last: 'Angelou'}
  ]);
});
```

TypeScript 會檢查我們的測試 DB 是否遵循介面，你的測試也不需要知道與生產環境資料庫有關的任何事項：你不需要使用 mocking 程式庫！我們藉著加入一項抽象（DB），將邏輯（與測試）從特定實作（PostgresDB）的細節中釋放出來了。

structural typing 的另一項好處是它可以乾淨地斬除程式庫之間的依賴關係，詳情見項目 51。

請記住

- JavaScript 是鴨子定型的，TypeScript 用 structural typing 來模擬這個機制：可以指派給介面的值可能有一些屬性沒有被明確地列在型態宣告式之中，這些型態都不是「密封的」。
- 小心，類別也遵守 structural typing 規則。你得到的類別實例可能不是你想像的那一種！
- 使用 structural typing 來進行單元測試。

項目 5：限制 any 型態的使用頻率

TypeScript 的型態系統是漸進的（*gradual*），也是可選的（*optional*），「漸進」的意思是你可以在程式中慢慢地加入型態，「可選」的意思是你可以隨時停用型態檢查器。any 型態是這兩種功能的關鍵元素：

```
   let age: number;
   age = '12';
// ~~~ '"12"' 型態不能指派給 'number' 型態
   age = '12' as any;  // OK
```

型態檢查器在這裡發出抱怨是對的，但你可以用 as any 來讓它閉嘴。如果你是 TypeScript 的初學者，你很容易在不瞭解某項錯誤的意思時，或是認為型態檢查器不對時，或只是不想要花時間編寫型態宣告式時，忍不住使用 any 型態與型態斷言（as any）。有時這種做法沒什麼問題，但注意，any 會取消 TypeScript 的許多優點。在使用它之前，你至少要先瞭解使用它的風險。

使用 any 型態時，沒有型態安全可言

在上面的例子中，型態宣告式說 age 是個 number。但 any 可讓你將 string 指派給它。型態檢查器會相信它是個 number（畢竟這是你說的），所以亂七八糟的事情不會被揭露：

```
age += 1;  // 很好，在執行期，age 變成 "121" 了
```

而且會讓你破壞合約

編寫函式相當於擬定一項合約：當呼叫方給你某種型態的輸入時，你就要產生某種型態的輸出。但是使用 any 型態可能破壞這些合約：

```
function calculateAge(birthDate: Date): number {
  // ...
}

let birthDate: any = '1990-01-19';
calculateAge(birthDate);  // OK
```

birth date 參數應該是個 Date，不是 string，any 型態已經讓你破壞 calculateAge 的合約了。由於 JavaScript 很喜歡私下轉換型態，所以這件事特別嚴重。有時 string 在預期使用 number 的情況下也可以正常運作，只會在其他的情況下失效。

編譯器不幫 any 型態提供語言服務

當代號有型態時，TypeScript 語言服務（language service）可以提供聰明的自動完成功能，也可以提供背景註釋文件（見圖 1-3）。

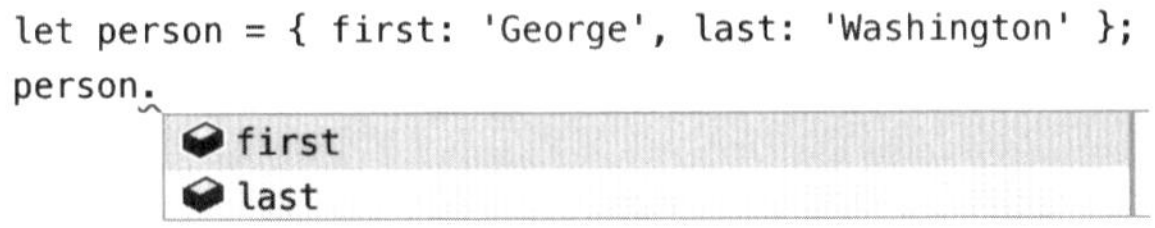

```
let person = { first: 'George', last: 'Washington' };
person.
      first
      last
```

圖 1-3　TypeScript Language Service 幫有型態的代號提供自動完成功能

但是對於 any 型態的代號，你就要自食其力了（圖 1-4）。

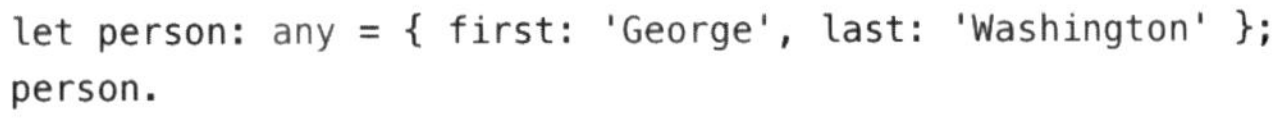

```
let person: any = { first: 'George', last: 'Washington' };
person.
```

圖 1-4　型態為 any 的代號的屬性沒有自動完成功能

另一種服務是更改名稱，如果你有一個 Person 型態，以及一些將人名格式化的函式：

```
interface Person {
  first: string;
  last: string;
}

const formatName = (p: Person) => `${p.first} ${p.last}`;
const formatNameAny = (p: any) => `${p.first} ${p.last}`;
```

你可以在編輯器中選擇 `first`，再選擇「Rename Symbol」，將它改成 `firstName`（見圖 1-5 與圖 1-6）。

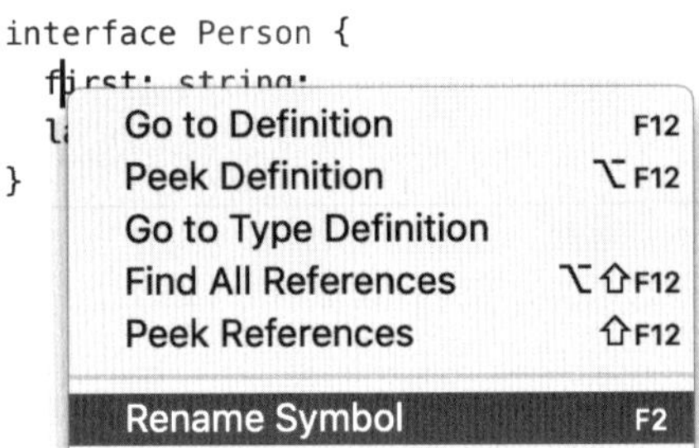

圖 1-5　在 vscode 中更改代號的名稱

```
interface Person {
  first: string;
  firstName
}
```

圖 1-6　選擇新名稱。TypeScript 語言服務可以確保專案內使用這個代號的每一個地方都更改名稱了

這個功能會改變 formatName 函式，但不會改變 any 版本：

```
interface Person {
  firstName: string;
  last: string;
}
const formatName = (p: Person) => `${p.firstName} ${p.last}`;
const formatNameAny = (p: any) => `${p.first} ${p.last}`;
```

TypeScript 的標語是「JavaScript that scales」。「scales」的關鍵元素是語言服務，它是 TypeScript 體驗的核心（見項目 6）。無法使用這些功能會降低生產力，不僅對你如此，對使用你的程式的每一個人亦然。

any 型態會在你重構程式時掩蓋 bug

假如你正在建構一個 web app，可讓使用者在裡面選擇某種項目，裡面有一個元件有個 onSelectItem 回呼。為 Item 編寫型態有點麻煩，所以你直接使用 any：

```
interface ComponentProps {
  onSelectItem: (item: any) => void;
}
```

這是管理該元件的程式碼：

```
function renderSelector(props: ComponentProps) { /* ... */ }

let selectedId: number = 0;
function handleSelectItem(item: any) {
  selectedId = item.id;
}

renderSelector({onSelectItem: handleSelectItem});
```

後來，因為你改寫了 selector，導致它更難以將整個 item 物件傳給 onSelectItem。不過沒關係，因為你只需要用到 ID，於是你修改 ComponentProps 的簽章：

```
interface ComponentProps {
  onSelectItem: (id: number) => void;
}
```

儘管你改了元件，但所有程式都通過型態檢查了，耶！

…是嗎？因為 handleSelectItem 接收 any 參數，所以它收到 Item 與收到 ID 一樣開心。雖然它通過型態檢查了，但仍然會在執行期產生例外，如果你使用比較具體的型態，這個情況就會被型態檢查器抓到。

any 會掩蓋你的型態設計

諸如「app 的狀態」這類的複雜物件的型態定義可能非常冗長，你可能想要直接使用 any 型態，而不是幫網頁狀態的數十個屬性一一指定型態，

這種做法有本項目說過的所有問題，但它還有一個問題：它會掩蓋狀態的設計。如第 4 章說的，好的型態設計對編寫簡潔、正確且易懂的程式而言至關重要，使用 any 型態會掩蓋型態設計，令人難以知道設計究竟好不好，甚至根本不知道你有設計。如果你希望讓同事複審你的變動，他們就必須重新理解你是否改變 app 的狀態，以及如何改變它，所以你應該把它寫清楚，讓所有人都可以看見。

any 會破壞大家對型態系統的信心

每當型態檢查器抓到你犯下的錯誤時，你就對型態系統更有信心，但是在執行期看到型態錯誤會動搖信心。如果你在大型的團隊中使用 TypeScript，可能會讓同事質疑 TypeScript 究竟值不值得採用，any 型態通常是這些未被抓到的錯誤的根源。

TypeScript 的目的是讓你過得更輕鬆，但使用太多 any 型態的 TypeScript 可能比無型態的 JavaScript 更難使用，因為你必須修改型態錯誤，**也**必須記得真正的型態。當型態符合實際的情況時，你就不需要記住型態資訊了，TypeScript 可以幫你記住它們。

當你不得不使用 any 時，具體的做法也有比較好的與比較不好的，第 5 章會深入介紹如何控制 any 的缺點。

請記住

- any 型態會停止型態檢查與 TypeScript 語言服務，它會掩蓋真正的問題、破壞開發體驗、降低大家對型態系統的信心。盡量不要使用它！

第二章

TypeScript 的型態系統

雖然 TypeScript 可生成程式碼（項目 3），但是型態系統才是主角，它是你使用這種語言的理由！

本章將介紹 TypeScript 型態系統的基本元素：如何看待它、如何使用它、你需要做的選擇，以及你應該避免的功能。TypeScript 的型態系統有令人驚訝的強大功能，能夠表達你或許認為型態系統做不到的事情。本章將為你打下紮實的基礎，幫助你撰寫強健的 TypeScript，以及閱讀本書其餘的內容。

項目 6：使用編輯器來查詢與探索型態系統

安裝 TypeScript 之後，你會得到兩個可執行檔：

- `tsc`，TypeScript 編譯器
- `tsserver`，TypeScript 獨立伺服器

通常你會直接執行 TypeScript 編譯器，但是伺服器也很重要，因為它提供了**語言服務**，那些服務包括自動完成、檢查、導覽，以及重構。你通常會在編輯器中使用這些服務，如果你沒有設置這些功能，你就虧大了！自動完成之類的服務是讓 TypeScript 如此好用的原因之一，但除了方便之外，編輯器是建構與測試你的型態系統知識的好地方。它可以協助你認識 TypeScript 何時可以推斷型態，以及什麼是寫出紮實、典型程式的關鍵（見項目 19）。

每一種編輯器都有不同的細節，但你通常可以把滑鼠游標移到代號上面，看看 TypeScript 認為它是哪一種型態（見圖 2-1）。

```
let num: number
let num = 10;
```

圖 2-1　這個編輯器顯示 num 代號的推斷型態是 number

雖然你沒有撰寫 number，但 TypeScript 能夠根據 10 認出它。

你也可以查看函式，見圖 2-2。

```
function add(a: number, b: number): number
function add(a: number, b: number) {
  return a + b;
}
```

圖 2-2　使用編輯器來顯示推斷出來的函式型態

其中，特別值得注意的資訊是回傳型態（number）的推斷值，如果它與你認為的不一樣，你就要加入型態宣告式，並找出差異（見項目 9）。

如果你可以在任何地方瞭解 TypeScript 認為變數屬於哪一種型態，你就更能夠瞭解加寬（項目 21）與窄化（項目 22）。如果你能夠在條件式的分支看到變數型態的改變（見圖 2-3），你就會對型態系統更有信心。

```
function logMessage(message: string | null) {
  if (message) {
    (parameter) message: string
    message
  }
}
```

圖 2-3　message 的型態在分支外面是 string | null，但是在裡面是 string

你可以查看大型物件的各個屬性來瞭解 TypeScript 認為它們是什麼（見圖 2-4）。

```
const foo = {
  (property) x: number[]
  x: [1, 2, 3],
  bar: {
    name: 'Fred'
  }
};
```

圖 2-4　查看 TypeScript 如何推斷物件內的型態

如果你希望 x 的型態是 tuple（[number, number, number]），你就要使用型態註記（type annotation）。

若要在操作鏈（chain of operation）的中間查看推斷的泛型型態，你可以檢視方法名稱（見圖 2-5）。

```
function restOfPath(path: string) {
    (method) Array<string>.slice(start?: number, end?: number): string[]
    Returns a section of an array.
    @param start — The beginning of the specified portion of the array.
    @param end — The end of the specified portion of the array.
  return path.split('/').slice(1).join('/');
}
```

圖 2-5　顯示方法呼叫鏈中的推斷泛型型態

Array<string> 代表 TypeScript 認為 split 產生一個字串陣列。雖然這個例子的結果很明顯，但是這項資訊在你編寫與除錯函式呼叫鏈時非常重要。

在編輯器中看到型態錯誤也是學習型態系統的細節的好方法。例如，這個函式會試著用 ID 來取得 HTMLElement，或回傳一個預設的 HTMLElement，TypeScript 指出兩項錯誤：

```
function getElement(elOrId: string|HTMLElement|null):HTMLElement {
  if (typeof elOrId === 'object') {
    return elOrId;
 // ~~~~~~~~~~~~~~ 'HTMLElement | null' 不能指派給 'HTMLElement'
  } else if (elOrId === null) {
    return document.body;
  } else {
```

```
    const el = document.getElementById(elOrId);
    return el;
 // ~~~~~~~~~~ 'HTMLElement | null' 不能指派給 'HTMLElement'
  }
}
```

第一個 if 陳述式分支的目的是過濾出一個物件，即 HTMLElement。但是奇怪的是，在 JavaScript 中，typeof null 是 "object"，所以在該分支，elOrId 也有可能是 null，你可以加入檢查 null 的程式來修正這個問題。第二個錯誤的原因是 document.getElementById 可能回傳 null，你也必須處理這種情況，可能要丟出例外。

語言服務也可以協助你瀏覽程式庫與型態宣告。假如你看到有程式呼叫 fetch 函式，所以想要瞭解它，編輯器應該有個「Go to Definition」選項，在我的編輯器中，它長得像圖 2-6。

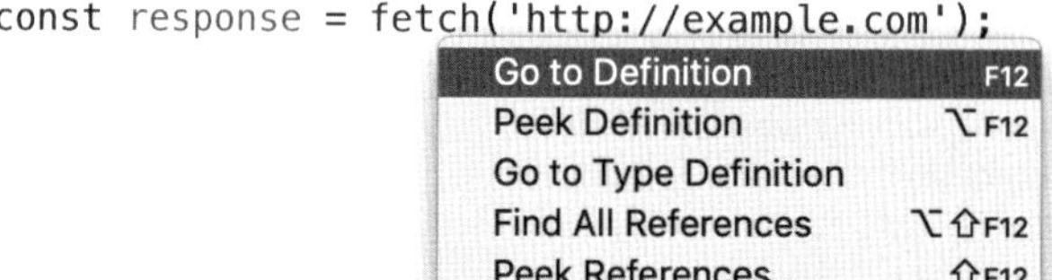

圖 2-6 你的編輯器應該有 TypeScript 語言服務的「Go to Definition」功能

選擇這個選項之後，你會進入 lib.dom.d.ts，也就是 TypeScript 為 DOM 加入的型態宣告：

```
declare function fetch(
  input:RequestInfo, init?: RequestInit
): Promise<Response>;
```

你可以看到 fetch 接收兩個引數，並回傳一個 Promise。按下 RequestInfo 之後，你會看到：

```
type RequestInfo = Request | string;
```

你可以從這裡前往 Request：

```
declare var Request: {
    prototype: Request;
    new(input: RequestInfo, init?: RequestInit): Request;
};
```

從這裡可以看到，`Request` 型態與值是被分開模擬的（見項目 8）。你已經看過 `RequestInfo` 了，按下 `RequestInit` 之後，你會看到可用來建構 `Request` 的所有元素：

```
interface RequestInit {
    body?: BodyInit | null;
    cache?: RequestCache;
    credentials?: RequestCredentials;
    headers?: HeadersInit;
    // ...
}
```

你還可以在這裡查看許多其他的型態，現在你已經知道怎麼做了。型態宣告最初或許難以閱讀，但你可以用它們來瞭解 TypeScript 可以做什麼事、你正在使用的程式庫被如何模擬，以及你該如何 debug 錯誤。第 6 章會進一步說明型態宣告。

請記住

- 使用具備 TypeScript 語言服務的編輯器來利用它們。
- 使用編輯器來瞭解型態系統如何運作，以及 TypeScript 如何推斷型態。
- 瞭解如何跳到型態宣告檔案，來查看它們如何模擬行為。

項目 7：將型態視為值的集合

在執行期，每一個變數都有一個從 JavaScript 的值世界中選出來的值，值有很多種，包括：

- `42`
- `null`
- `undefined`
- `'Canada'`
- `{animal: 'Whale', weight_lbs: 40_000}`
- `/regex/`
- `new HTMLButtonElement`
- `(x, y) => x + y`

但是在你的程式運行之前，當 TypeScript 檢查它是否有錯時，它只有一個**型態**，你可以將它視為**可能的值的集合**，這個集合稱為型態的**域**（*domain*）。例如，你可以將數字型態視為所有數值的集合，它裡面有 `42` 與 `-37.25`，但沒有 `'Canada'`。這個集合裡面可能有 `null` 與 `undefined`，或許沒有，取決於 `strictNullChecks` 如何設定。

空集合是最小的集合，它裡面沒有值，它相當於 TypeScript 的 `never` 型態，因為 `never` 型態的域是空的，所以你不能將任何值指派這種型態的變數：

```
const x: never = 12;
   // ~ '12' 型態無法指派給 'never' 型態
```

第二小的集合是只有一個值的集合。它們相當於 TypeScript 的常值（literal）型態，或稱為單位（unit）型態：

```
type A = 'A';
type B = 'B';
type Twelve = 12;
```

你可以聯合多個單位型態，用它們組成包含兩個或三個值的型態：

```
type AB = 'A' | 'B';
type AB12 = 'A' | 'B' | 12;
```

以此類推。聯集型態相當於值的集合的聯集。

許多 TypeScript 錯誤訊息都有「assignable（可指派）」這個字，在「值的集合」這個背景之下，它指的是「…的成員」（即值與型態的關係），或「…的子集合」（即兩個型態之間的關係）：

```
const a: AB = 'A';  // OK，'A' 值是 {'A', 'B'} 集合的成員
const c: AB = 'C';
   // ~ '"C"' 型態無法指派給 'AB' 型態
```

`"C"` 型態是單位型態（unit type），它的域只有一個值 `"C"`，它不是 `AB` 的域（包含 `"A"` 值與 `"B"` 值）的子集合，所以它是錯的。型態檢查器幾乎所有日常工作，都是在測試某個集合是不是另一個集合的子集合：

```
// OK，{"A", "B"}是{"A", "B"}的子集合：
const ab: AB = Math.random() < 0.5 ? 'A' : 'B';
const ab12: AB12 = ab;  // OK，{"A", "B"}是{"A", "B", 12}的子集合

declare let twelve: AB12;
```

```
const back: AB = twelve;
   // ~~~~ 'AB12' 型態無法指派給 'AB' 型態
   //        '12' 型態無法指派給 'AB' 型態
```

這些型態的集合都很容易理解，因為它們都是有限的，但是你將來面對的絕大多數型態的域都是無限的，它們比較難以理解。你可以想像它們是建構性地（constructively）建立的：

```
type Int = 1 | 2 | 3 | 4 | 5 // | ...
```

或是藉由指出其成員來建立的：

```
interface Identified {
  id: string;
}
```

你可以把這個 interface 想成它描述了它的型態域裡面的值。值是否有個 `id` 屬性，而且該屬性的值可以指派給 `string`（的成員）嗎？如果可以，它就是 `Identifiable`。

這就是它的**所有**意思。項目 4 說過，TypeScript 的 structural typing 規則指出值還可以擁有其他的屬性，它甚至可以被呼叫！這件事有時會被多餘屬性檢查（excess property checking）掩蓋（見項目 11）。

將型態視為值的集合可以協助你瞭解如何操作型態，例如：

```
interface Person {
  name: string;
}
interface Lifespan {
  birth: Date;
  death?: Date;
}
type PersonSpan = Person & Lifespan;
```

`&` 運算子可算出兩個型態的交集，哪些值屬於 `PersonSpan` 型態？乍看之下，`Person` 與 `Lifespan` interface 沒有共同的屬性，所以 `PersonSpan` 是個空集合（也就是 `never` 型態），但是型態操作處理的是值的集合（型態域），不是被列在 interface 內的屬性，而且切記，即使值有額外的屬性，它也屬於該型態，所以如果一個值同時擁有 `Person` 與 `Lifespan` 的屬性，它就屬於交集型態：

```
const ps: PersonSpan = {
  name: 'Alan Turing',
```

```
  birth: new Date('1912/06/23'),
  death: new Date('1954/06/07'),
};  // OK
```

當然，如果值的屬性不只這三個，它也屬於該型態！廣義的規則是，交集型態的值包含組成它的型態的屬性的聯集。

「相交的屬性」這個直覺是對的，不過這是對兩個 interface 的**聯集**而言，而不是它們的交集：

```
type K = keyof (Person | Lifespan);  // 型態是 never
```

TypeScript 無法保證任何一個鍵屬於聯集型態裡面的值，所以聯集的 `keyof` 一定是空集合（`never`）。或以更正式的形式來表示：

```
keyof (A&B) = (keyof A) | (keyof B)
keyof (A|B) = (keyof A) & (keyof B)
```

一旦你理解上面的公式，你就已經深入地瞭解 TypeScript 的型態系統了！

`PersonSpan` 型態的另一種寫法是使用 `extends`：

```
interface Person {
  name: string;
}
interface PersonSpan extends Person {
  birth: Date;
  death?: Date;
}
```

就「型態是值的集合」而言，`extends` 是什麼意思？如同「可指派給…」，你可以將它視為「…的子集合」。在 `PersonSpan` 裡面的每一個值都必須有個 `string` 型態的 `name` 屬性，每一個值也必須有個 `birth` 屬性，所以它是個真子集（proper subset）。

你可能聽過「子型態（subtype）」，它是「一個集合的域是其他集合的子集合」的另一種說法。想像一下一維、二維與三維向量：

```
interface Vector1D { x: number; }
interface Vector2D extends Vector1D { y: number; }
interface Vector3D extends Vector2D { z: number; }
```

你可以說 Vector3D 是 Vector2D 的子型態，Vector2D 又是 Vector1D 的子型態（在類別的背景之下，你可以說它是「子類別」）。我們經常以階層結構來表示這種關係，但如果你要以值的集合來思考的話，使用 Venn 圖比較適合（見圖 2-7）。

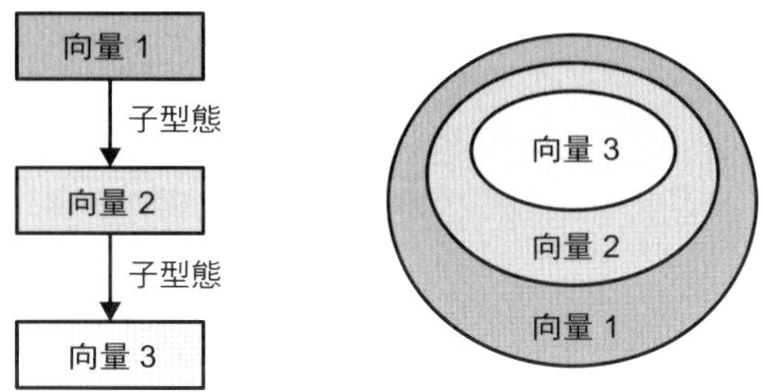

圖 2-7　看待型態關係的兩種方式：分層結構，或重疊的集合

你可以在 Venn 圖中清楚地看到，如果你不使用 extends，改用另一種寫法來編寫 interface 的話，子集合 / 子型態 / 可指派性的關係維持不變：

```
interface Vector1D { x: number; }
interface Vector2D { x: number; y: number; }
interface Vector3D { x: number; y: number; z: number; }
```

集合沒有改變，Venn 圖也是如此。

雖然這兩種解釋方式都適用於物件型態，但是在考慮常值型態與聯集型態時，以集合來解釋容易理解許多。extends 在泛型型態中也是一種約束，它在這個背景之下也代表「…的子集合」（項目 14）：

```
function getKey<K extends string>(val: any, key: K) {
  // ...
}
```

extend string 是什麼意思？從物件繼承的角度來思考很難理解，你可能會說它是物件包裝型態 String（項目 10）的子類別，但是這不太說得通。

但是從集合的角度來看，事情就很清楚了：它指的是型態域為 string 的子集合的任何型態，包括字串常值型態、字串常值型態的聯集，以及 string 本身：

```
getKey({}, 'x');  // OK，'x' extends string
getKey({}, Math.random() < 0.5 ? 'a' : 'b');  // OK, 'a'|'b' extends string
getKey({}, document.title);  // OK，string extends string
```

```
getKey({}, 12);
        // ~~ '12' 型態無法指派給 'string' 型態的參數
```

雖然最後的錯誤訊息將“extends”改成“指派（assignable）”，但是它應該不會誤導我們，因為我們知道要將兩者解讀為「…的子集合」。這種觀點也可以幫助理解有限的集合，例如使用 keyof T 得到的集合，keyof T 會回傳某個物件型態的鍵的型態：

```
interface Point {
  x: number;
  y: number;
}
type PointKeys = keyof Point;  // 型態是 "x" | "y"

function sortBy<K extends keyof T, T>(vals:T[], key:K):T[] {
  // ...
}
const pts: Point[] = [{x: 1, y: 1}, {x: 2, y: 0}];
sortBy(pts, 'x');  // OK, 'x' extends 'x'|'y' (aka keyof T)
sortBy(pts, 'y');  // OK, 'y' extends 'x'|'y'
sortBy(pts, Math.random() < 0.5 ? 'x' : 'y');  // OK, 'x'|'y' extends 'x'|'y'
sortBy(pts, 'z');
         // ~~~ '"z"' 型態無法指派給 '"x" | "y"' 型態的參數
```

如果你的型態彼此間的關係不是狹義的分層關係，以集合來解釋也比較合理。例如，string|number 與 string|Date 之間的關係是什麼？它們的交集不是空的（是 string），但也不是另一個的子集合。雖然它們的域不符合狹義的分層關係，但它們之間的關係很清楚（見圖 2-8）。

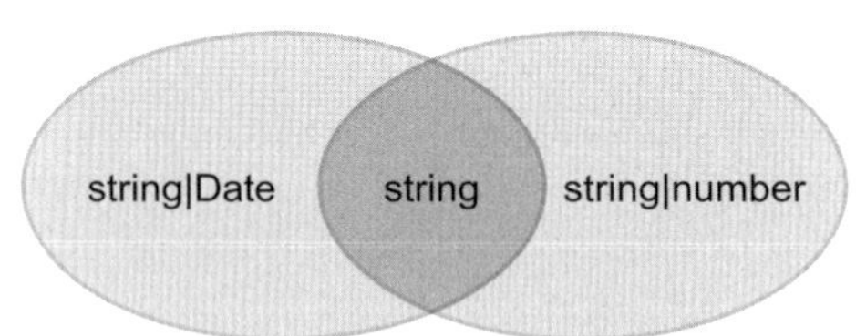

圖 2-8　聯集型態不適合以分層結構來表示，但可以用「值的集合」來看待

將型態當成集合也可以讓你釐清陣列與 tuple 之間的關係，例如：

```
const list = [1, 2];  // 型態是 number[]
const tuple: [number, number] = list;
   // ~~~~~ 'number[]' 型態沒有以下這些
   //       來自 '[number, number]' 型態的屬性：0, 1
```

數字串列有沒有可能不是一對數字？當然有！空串列與 [1] 都是。所以不能將 number[] 指派給 [number, number] 是合理的，因為它不是它的子集合（但是可以反向指派）。

triple 可否指派給一對值？考慮到 structural typing，你可能認為答案是肯定的，一對值有 0 鍵與 1 鍵，它應該可能也有其他的鍵，像是 2 吧？

```
const triple: [number, number, number] = [1, 2, 3];
const double: [number, number] = triple;
   // ~~~~~~ '[number, number, number]' 無法指派給 '[number, number]'
   //        'length' 屬性的型態不相容
   //        '3' 型態無法指派給 '2' 型態
```

答案是「不行」，原因很有趣。TypeScript 用 {0: number, 1: number, length: 2} 來模擬一對數字，而不是 {0: number, 1: number}，這種做法很合理（可讓你查看 tuple 的長度），它阻止了上面的賦值，這應該是最好的做法！

將型態想成值的集合代表當兩個型態包含相同的值的集合時，它們就是相同的，事實也是如此。除非兩個型態在語義上（semantically）相異，並且剛好有相同的域，否則我們不需要定義同樣的型態兩次。

最後，值得一提的是，並非所有的值的集合都有對應的 TypeScript 型態。沒有 TypeScript 型態可以代表所有整數，或代表只有 x 與 y 屬性且沒有任何其他屬性的所有物件。有時你可以用 Exclude 來排除型態，但只能在它可以產生正常的 TypeScript 型態時使用：

```
type T = Exclude<string|Date, string|number>;  // 型態是 Date
type NonZeroNums = Exclude<number, 0>;  // 型態仍然只是數字
```

表 2-1 是 TypeScript 的術語與集合理論的術語的比較。

表 2-1　TypeScript 術語與集合術語

TypeScript 術語	集合術語
never	∅（空集合）
常值型態	單元素集合
可指派給 T 的值	值 ∈ T（…的成員）
T1 可指派給 T2	T1 ⊆ T2（…的子集合）
T1 extends T2	T1 ⊆ T2（…的子集合）
T1	T2	T1 ∪ T2（聯集）

TypeScript 術語	集合術語
T1 & T2	T1 ∩ T2（交集）
unknown	全集合

請記住

- 將型態視為值的集合（型態的域），這些集合可能是有限的（例如 boolean 或常值型態），也可能是無限的（例如 number 或 string）。
- TypeScript 的型態形成相交的集合（Venn 圖），不是狹義的分層關係，兩個型態可能互相重疊，但彼此不是另一個的子集合。
- 請記得，當一個物件有某個型態的所有屬性，也有那個型態的宣告式中未提到的其他屬性時，它仍然屬於該型態。
- 型態操作可套用在集合域的上面。A 與 B 的交集是 A 的域與 B 的域的交集。對物件型態而言，這代表屬於 A & B 的值同時有 A 與 B 的屬性。
- 你可以把「extends」、「assignable to（可指派給…）」和「subtype of（…的子型態）」視為「subset of（…的子集合）」。

項目 8：知道某個代號究竟屬於型態空間還是值空間

TypeScript 的代號都屬於這兩個空間之一：

- 型態空間
- 值空間

這件事很容易混淆，因為同一個名稱在不同的地方可能代表兩件不同的事情：

```
interface Cylinder {
  radius: number;
  height: number;
}

const Cylinder = (radius: number, height: number) => ({radius, height});
```

`interface Cylinder` 在型態空間裡面加入一個代號，`const Cylinder` 則在值空間裡面加入一個名稱相同的代號，它們彼此沒有任何關係。當你輸入 `Cylinder` 時，你的意思可能是型態，也有可能是值，取決當時的情況。有時這會導致錯誤：

```
function calculateVolume(shape: unknown) {
  if (shape instanceof Cylinder) {
    shape.radius
       // ~~~~~~ '{}' 型態沒有 'radius' 屬性
  }
}
```

怎麼了？你應該是想用 `instanceof` 來檢查 shape 是不是 `Cylinder` 型態，但是 `instanceof` 是 JavaScript 的執行期運算子，處理的是值。所以 `instanceof Cylinder` 引用函式，不是型態。

有些代號乍看之下無法知道究竟屬於型態空間還是值空間，你必須從它附近的程式找出答案。這種情況有時特別令人困惑，例如許多型態空間的結構看起來與值空間的結構一模一樣。

以常值為例：

```
type T1 = 'string literal';
type T2 = 123;
const v1 = 'string literal';
const v2 = 123;
```

在 `type` 或 `interface` 後面的代號通常屬於型態空間，在 `const` 或 `let` 宣告式中的代號則是屬於值空間。

直接認出這兩種空間最好的做法是使用 TypeScript Playground（*https://www.typescriptlang.org/play/*），它可以顯示以你的 TypeScript 產生的 JavaScript。型態在編譯期會被消除（項目 3），所以如果代號不見了，代表它原本應該是在型態空間裡面（見圖 2-9）。

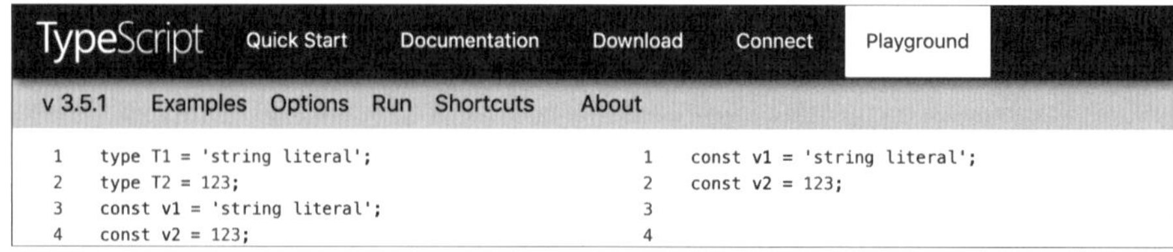

圖 2-9　用 TypeScript playground 來顯示生成的 JavaScript。前兩行的代號不見了，所以它們原本在型態空間裡面

TypeScript 的陳述式可能會在型態空間與值空間之間切換。在型態宣告（`:`）或斷言（`as`）後面的代號都屬於型態空間，在 `=` 後面的東西則是屬於值空間。例如：

```
interface Person {
  first: string;
  last: string;
}
const p: Person = { first: 'Jane', last: 'Jacobs' };
//    -           ---------------------------------- 值
//       ------ 型態
```

函式陳述式特別可能在這兩個空間之間反覆切換：

```
function email(p: Person, subject: string, body: string): Response {
  //     ----- -          -------          ----  值
  //              ------           ------        ------   -------- 型態
  // ...
}
```

`class` 與 `enum` 結構可能引入型態與值。在第一個例子中，`Cylinder` 應該是個 `class`：

```
class Cylinder {
  radius=1;
  height=1;
}

function calculateVolume(shape: unknown) {
  if (shape instanceof Cylinder) {
    shape  // OK，型態是 Cylinder
    shape.radius  // OK，型態是 number
  }
}
```

類別根據它的外形（它的屬性與方法）產生 TypeScript 型態，根據建構式產生值。

有許多操作與關鍵字在型態或值的背景之下代表不同的東西，例如 typeof：

```
type T1 = typeof p;  // 型態是 Person
type T2 = typeof email;
    // 型態是 (p: Person, subject: string, body: string) => Response

const v1 = typeof p;  // 值是 "object"
const v2 = typeof email;  // 值是 "function"
```

在型態的背景之下，typeof 會接收一個值並回傳它的 TypeScript 型態，你可以在較大型的型態表達式中使用那個型態，或使用 type 陳述式來幫它命名。

在值的背景之下，typeof 是 JavaScript 的執行期 typeof 運算子，它會回傳一個字串，包含代號的執行期型態。它與 TypeScript 型態**不一樣**！JavaScript 的執行期型態系統比 TypeScript 的靜態型態系統簡單多了。相較於種類繁多的 TypeScript 型態，JavaScript 有史以來只有六種執行期型態：「string」、「number」、「boolean」、「undefined」、「object」與「function」。

typeof 處理的對象一定是值，你不能用它來處理型態。class 關鍵字會產生值與型態，那麼 typeof 一個類別會得到什麼？

```
const v = typeof Cylinder;  // 值是 "function"
type T = typeof Cylinder;  // 型態是 typeof Cylinder
```

值是 "function" 的原因來自類別在 JavaScript 中的實作方式，第二行的型態不能說明什麼，重點在於它**不是** Cylinder（實例的型態），而是建構式，你可以對它使用 new 來證明這件事：

```
declare let fn: T;
const c = new fn();  // 型態是 Cylinder
```

你可以用 InstanceType 泛型來切換建構式型態與實例型態：

```
type C = InstanceType<typeof Cylinder>;  // 型態是 Cylinder
```

[] 屬性存取符號在型態空間裡面也有一個長得一模一樣的東西，但是請注意，雖然 obj['field'] 與 obj.field 在值空間中是等效的，但它們在型態空間中並非如此。你必須使用前者來取得另一個型態的屬性的型態：

```
const first: Person['first'] = p['first'];  // 或 p.first
   // -----                    ---------- 值
   //       ------ ------- 型態
```

Person['first'] 在此是個型態，因為它出現在型態背景之中（在一個 : 之後）。你可以在索引括號裡面放入任何型態，包括聯集型態和原始型態：

```
type PersonEl = Person['first' | 'last'];  // 型態是 string
type Tuple = [string, number, Date];
type TupleEl = Tuple[number];  // 型態是 string | number | Date
```

項目 14 會更深入說明。

此外還有許多其他的結構在兩個空間裡面有不同的意思：

- this 在值空間裡面是 JavaScript 的 this 關鍵字（項目 49）。當 this 是型態時，它是 this 的 TypeScript 型態，也就是「多型的 this」。它有助於使用子類別來實作方法鏈。
- 在值空間中，& 與 | 是位元 AND 與 OR。在型態空間中，它們是交集與聯集運算子。
- const 會產生一個新變數，但 as const 會改變常值或常值表達式的推斷型態（項目 21）。
- extends 可以定義子類別（class A extends B）或子型態（interface A extends B）或限制泛型型態（Generic<T extends number>）。
- in 可能是迴圈的一部分（for (key in object)）或對映型態（項目 14）。

如果 TypeScript 似乎不瞭解你的程式碼，原因可能是它搞不清楚型態與值空間。例如，假設你修改之前的 email 函式，用一個物件參數來接收引數：

```
function email(options: {person: Person, subject: string, body: string}) {
  // ...
}
```

在 JavaScript 中，你可以在物件中使用解構賦值（destructuring assignment）來為各個屬性建立區域變數：

```
function email({person, subject, body}) {
  // ...
}
```

如果你在 TypeScript 裡面做同樣的事情，你會看到一些難懂的錯誤訊息：

```
function email({
  person: Person,
       // ~~~~~~ Binding element 'Person' implicitly has an 'any' type
  subject: string,
       // ~~~~~~ Duplicate identifier 'string'
       //        Binding element 'string' implicitly has an 'any' type
  body: string}
     // ~~~~~~ Duplicate identifier 'string'
     //        Binding element 'string' implicitly has an 'any' type
) { /* ... */ }
```

問題在於 `Person` 與 `string` 是在值背景之下解讀的，你正試著建立一個名為 `Person` 的變數，和兩個名為 `string` 的變數。你應該將型態與值分開才對：

```
function email(
  {person, subject, body}: {person: Person, subject: string, body: string}
) {
  // ...
}
```

這種寫法顯然比較冗長，在實務上，你應該要讓參數使用具名型態，或者能夠從背景推斷它們（項目 26）。

雖然在型態與值空間中相似的結構經常令人難以理解，但一旦你掌握竅門，它們就會變成好用的助記符號。

請記住

- 你必須學會在閱讀 TypeScript 表達式時，判斷你正處於型態空間，還是值空間，你可以使用 TypeScript playground 來學習。
- 每個值都有一個型態，但型態沒有值。`type` 與 `interface` 之類的結構只會出現在型態空間裡面。
- `"foo"` 可能是個字串常值，也可能是字串常值型態，留意兩者的不同，並瞭解如何判斷。
- `typeof`、`this` 和許多其他運算子與關鍵字在型態空間與值空間裡面有不同的意思。
- 有些結構會同時產生型態與值，例如 `class` 和 `enum`。

項目 9：優先使用型態宣告，而非型態斷言

TypeScript 有兩種方式可將值指派給變數並且指定它的型態：

```
interface Person { name: string };

const alice: Person = { name: 'Alice' };   // 型態是 Person
const bob = { name: 'Bob' } as Person;   // 型態是 Person
```

它們有相似的結果卻有很大的差異！第一種做法（alice: Person）是將一個**型態宣告**加至變數，並確保值符合型態。後者（as Person）則是執行**型態斷言**（*assertion*），告訴 TypeScript 無論它推斷出來的型態是什麼，你知道的都比它多，並且想要讓它的型態是 Person。

一般來說，你應該優先使用型態宣告，而非型態斷言。原因如下：

```
const alice: Person = {};
  // ~~~~~ '{}' 型態沒有 'name' 屬性
  //       但 'Person' 型態需要它
const bob = {} as Person;  // 沒有錯誤
```

型態宣告會確認值是否符合介面（interface），因為它不符合，所以 TypeScript 發出錯誤。型態斷言則告訴型態檢查器無論如何，你知道的都比它多，進而掩蓋這個錯誤。

指定額外的屬性也會出現同樣的情況：

```
const alice: Person = {
  name: 'Alice',
  occupation: 'TypeScript developer'
// ~~~~~~~~~ 常值物件只能指定已知的屬性，
//           'Person' 型態裡面沒有 'occupation'
};
const bob = {
  name: 'Bob',
  occupation: 'JavaScript developer'
} as Person;  // 沒有錯誤
```

出現錯誤是多餘屬性檢查（excess property checking，項目 11）所致，但是使用斷言就沒有這個檢查了。

因為型態宣告可提供額外的安全檢查，所以你應該使用它們，除非你有特殊的理由必須使用型態斷言。

你可能也會看到這種程式 `const bob = <Person>{}`，這是原始的斷言語法，相當於 `{} as Person`，但現在它比較罕見了，因為 `<Person>` 在 *.tsx* 檔案裡面（TypeScript + React）被解譯成開始標籤。

有時我們不知道如何在宣告時使用箭頭函式。例如，你該如何在這段程式中使用具名的 `Person` 介面？

```
const people = ['alice', 'bob', 'jan'].map(name => ({name}));
// { name: string; }[]... 但是我們想要 Person[]
```

此時你很容易使用型態斷言，它表面上可以解決問題：

```
const people = ['alice', 'bob', 'jan'].map(
  name => ({name} as Person)
); // 型態是 Person[]
```

但是這種做法也會遇到直接使用型態斷言的問題。例如：

```
const people = ['alice', 'bob', 'jan'].map(name => ({} as Person));
// 沒有錯誤
```

那麼，你該如何在這種情況下改用型態宣告？最直接的做法是在箭頭函式中宣告變數：

```
const people = ['alice', 'bob', 'jan'].map(name => {
  const person: Person = {name};
  return person
}); // 型態是 Person[]
```

但是與原始的程式相比，它加入了可觀的雜訊。比較簡潔的做法是宣告箭頭函式的回傳型態：

```
const people = ['alice', 'bob', 'jan'].map(
  (name): Person => ({name})
); // 型態是 Person[]
```

它會對值執行上一個版本的所有檢查。這裡的括號很重要！`(name): Person` 可推斷 `name` 的型態，並指出回傳的型態應該是 `Person`。但是 `(name: Person)` 指出 `name` 的型態是 `Person`，並且把回傳型態交給 TypeScript 推斷，產生錯誤。

在這個例子中，你也可以寫下最終想要的型態，讓 TypeScript 檢查賦值的有效性：

```
const people: Person[] = ['alice', 'bob', 'jan'].map(
  (name): Person => ({name})
);
```

但是在處理比較長的函式呼叫鏈時，你可能要（或最好）將具名型態放在比較前面的位置，方便在出現錯誤時提示它們。

那麼，何時該使用型態斷言？型態斷言最適合在你知道的資訊確實比 TypeScript 多的時候使用，尤其是在型態檢查器無法處理的情況下。例如，你可能比 TypeScript 更精確地瞭解 DOM 元素的型態：

```
document.querySelector('#myButton').addEventListener('click', e => {
  e.currentTarget // 型態是 EventTarget
  const button = e.currentTarget as HTMLButtonElement;
  button // 型態是 HTMLButtonElement
});
```

因為 TypeScript 無法讀取網頁的 DOM，所以它無法知道 `#myButton` 是個按鈕元素。它也不知道事件的 `currentTarget` 是同一個按鈕，因為你掌握了 TypeScript 不知道的資訊，所以此時很適合使用型態斷言。項目 55 會進一步說明 DOM 型態。

你可能也會看到非 null 斷言，由於它太常見了，所以有一種特殊的語法：

```
const elNull = document.getElementById('foo');  // 型態是 HTMLElement | null
const el = document.getElementById('foo')!; // 型態是 HTMLElement
```

字首的 ! 代表布林的「否」。字尾的 ! 則代表「值不是 null 的斷言」，請將 ! 視為任何其他斷言：它會在編譯的過程中消失，所以你只能在你掌握了型態檢查器不知道的資訊，而且確定值是非 null 時使用它。如果你無法確定，你就要使用條件式來檢查 `null` 的情況。

型態斷言有一些限制：它們無法讓你在任何型態之間進行轉換。總的來說，如果 A 或 B 是另一個型態的子集合時，你就可以用型態斷言在它們之間進行轉換。`HTMLElement` 是 `HTMLElement | null` 的子型態，所以使用型態斷言沒問題。`HTMLButtonElement` 是 `EventTarget` 的子型態，所以也沒問題。`Person` 是 `{}` 的子型態，所以該斷言也沒問題。

但你不能在 Person 與 HTMLElement 之間進行轉換，因為它們都不是另一個的子型態：

```
interface Person { name: string; }
const body = document.body;
const el = body as Person;
        // ~~~~~~~~~~~~~~~ 將 'HTMLElement' 型態轉換成 'Person' 型態
        //                 可能是錯的，因為這兩種型態都沒有
        //                 與另一個重疊，如果這是故意的，
        //                 請先將運算式轉換成 'unknown'
```

這個錯誤訊息告訴你怎麼脫困—使用 unknown 型態（項目 42）。每一個型態都是 unknown 的子型態，所以涉及 unknown 的斷言絕對沒有問題。它可以讓你在任何型態之間進行轉換，但你至少要明確地表達你正在做一些有疑慮的事情！

```
const el = document.body as unknown as Person;  // OK
```

請記住

- 優先使用型態宣告（: Type），而非型態斷言（as Type）。
- 知道如何註記箭頭函式的回傳型態。
- 當你掌握了 TypeScript 所不知道的型態資訊時，可使用型態斷言與非 null 斷言。

項目 10：不要使用物件包裝型態（String、Number、Boolean、Symbol、BigInt）

除了物件之外，JavaScript 還有七種基本型態值：字串、數字、布林、null、undefined、symbol 與 bigint，前五種型態從一開始就出現了，symbol 基本型態是在 ES2015 加入的，bigint 則尚未定案。

基本型態與物件不一樣的地方在於它是不可變的，它也沒有方法，你可能會抗議：但是字串**有**方法啊：

```
> 'primitive'.charAt(3)
"m"
```

但是你看到的不見得是事實，有一些令人驚訝且不易察覺的細節隱藏其中。雖然字串基本型態沒有方法，但 JavaScript 有一種 String 物件型態，它有方法。JavaScript 可

以在這兩種型態之間自由地轉換。當你對著字串基本型態使用 `charAt` 之類的方法時，JavaScript 會先將它包在 `String` 物件裡面，呼叫方法，再把該物件扔掉。

當你 monkey-patch `String.prototype`（項目 43）時可以看到這種情況：

```
// 別這樣做！
const originalCharAt = String.prototype.charAt;
String.prototype.charAt = function(pos) {
  console.log(this, typeof this, pos);
  return originalCharAt.call(this, pos);
};
console.log('primitive'.charAt(3));
```

它會產生這個輸出：

```
[String: 'primitive'] 'object' 3
m
```

在方法裡面的 `this` 值是個 `String` 包裝物件，不是 string 基本型態。你可以直接實例化一個 `String` 物件，雖然它的行為有時像 string 基本型態，但不一定如此。例如，`String` 物件只等於它自己：

```
> "hello" === new String("hello")
false
> new String("hello") === new String("hello")
false
```

這種默默轉換成包裝物件型態的機制可以解釋 JavaScript 的一種怪現象：當你將屬性指派給基本型態之後，那個屬性會消失：

```
> x = "hello"
> x.language = 'English'
'English'
> x.language
undefined
```

現在你知道原因了：`x` 會先被轉換成 `String` 實例，接著我們對它設定 `language` 屬性，接著物件（還有它的 `language` 屬性）會被丟掉。

其他的基本型態也有包裝物件型態：數字是 `Number`，布林值是 `Boolean`，symbol 是 `Symbol`，bigint 是 `BigInt`（`null` 與 `undefined` 沒有物件包裝）。

這些包裝型態之所以存在，是為了方便在基本型態值上面提供方法和靜態方法（例如 `String.fromCharCode`）。但是直接將它們實例化通常是錯誤的做法。

TypeScript 模擬這種區別的做法是用不同的型態來代表基本型態與它們的包裝物件：

- `string` 與 `String`
- `number` 與 `Number`
- `boolean` 與 `Boolean`
- `symbol` 與 `Symbol`
- `bigint` 與 `BigInt`

我們很容易不小心打成 `String`（尤其是你之前使用 Java 或 C# 時），它甚至看起來可以動作，至少在一開始如此：

```
function getStringLen(foo: String) {
  return foo.length;
}

getStringLen("hello");  // OK
getStringLen(new String("hello"));  // OK
```

但是當你試著將 `String` 物件傳給期望收到 `string` 的方法時，事情就變調了：

```
function isGreeting(phrase: String) {
  return [
    'hello',
    'good day'
  ].includes(phrase);
          // ~~~~~~
          // 'String' 型態的引數不能指派給
          // 'string' 型態的參數。
          // 'string' 是基本型態，但是 'String' 是包裝物件；
          // 請盡量使用 'string'
}
```

所以 `string` 可以指派給 `String`，但是 `String` 不能指派給 `string`。會不會一頭霧水？那就遵守錯誤訊息的建議，永遠使用 `string` 吧。TypeScript 附帶的所有型態宣告式都使用它，幾乎所有其他程式庫的型態宣告式也是如此。

明確地使用首字母大寫來提供型態註記也會與包裝物件糾纏不清：

```
const s: String = "primitive";
const n: Number = 12;
const b: Boolean = true;
```

當然，這些值在執行期仍然是基本型態，不是物件，但是 TypeScript 允許這些宣告，因為基本型態可指派給包裝物件。這些註記容易誤導別人，它們也是多餘的（項目 19）。比較好的做法是維持使用基本型態。

最後一個重點是，你不需要使用 `new` 即可呼叫 `BigInt` 與 `Symbol`，因為它們會建立基本型態：

```
> typeof BigInt(1234)
"bigint"
> typeof Symbol('sym')
"symbol"
```

它們是 `BigInt` 與 `Symbol` 值，不是 TypeScript 型態（項目 8）。呼叫它們會產生 `bigint` 與 `symbol` 型態的值。

請記住

- 瞭解包裝物件型態如何為基本型態值提供方法，請勿建立它們的實例或直接使用它們。
- 不要使用 TypeScript 物件包裝型態，而是要用基本型態：使用 `string` 而非 `String`，使用 `number` 而非 `Number`，使用 `boolean` 而非 `Boolean`，使用 `symbol` 而非 `Symbol`，使用 `bigint` 而非 `BigInt`。

項目 11：認識多餘屬性檢查的局限性

當你將一個常值物件（object literal）指派給一個已宣告型態的變數時，TypeScript 會確保常值物件有該型態的屬性，而且*沒有其他的屬性*：

```
interface Room {
  numDoors: number;
  ceilingHeightFt: number;
}
```

```
const r: Room = {
  numDoors: 1,
  ceilingHeightFt: 10,
  elephant: 'present',
// ~~~~~~~~~~~~~~~~~~ 常值物件只能設定已知的屬性，
//                    但 'Room' 型態裡面沒有 'elephant'
};
```

雖然常值物件有個 `elephant` 屬性很奇怪，但是從 structural typing 的角度（項目 4）來看，這個錯誤訊息好像不對，因為那一個常數**可以**指派給 `Room` 型態，我們可以用一個中間變數來證明這一點：

```
const obj = {
  numDoors: 1,
  ceilingHeightFt: 10,
  elephant: 'present',
};
const r: Room = obj;  // OK
```

`obj` 的型態被推斷為 `{ numDoors: number; ceilingHeightFt: number; elephant: string }`。因為這個型態包含 `Room` 型態裡面的值的子集合，所以它可以指派給 `Room`，而且程式可以通過型態檢查（見項目 7）。

這兩個例子有什麼不同？在第一個例子中，你觸發一個稱為「多餘屬性檢查（excess property checking）」的程序，它可以幫你抓到 structural typing 系統可能錯過的重大錯誤。但這個程序有其局限性，而且如果你將它與一般的可賦值性檢查混為一談的話，它會阻礙你對 structural typing 的理解。將多餘屬性檢查視為一種獨特的程序可以協助你更清楚地瞭解 TypeScript 的型態系統。

項目 1 解釋過，TypeScript 不是只會試著找出會在執行期丟出例外的程式而已，它也會試著找出動作與你的預期不一致的程式碼，例如：

```
interface Options {
  title: string;
  darkMode?: boolean;
}
function createWindow(options: Options) {
  if (options.darkMode) {
    setDarkMode();
  }
  // ...
}
```

```
createWindow({
  title: 'Spider Solitaire',
  darkmode: true
// ~~~~~~~~~~~~~ 常值物件只能指定已知屬性，
//               但是型態 'Options' 裡面沒有 'darkmode'。
//               你想要寫 'darkMode' 嗎？
});
```

雖然這段程式在執行期不會丟出任何錯誤，但是就像 TypeScript 顯示的理由，它的動作應該也不是你要的：它應該是 darkMode（大寫的 M），而不是 darkmode。

單純的結構型態檢查器無法認出這種錯誤，因為 Options 型態的域非常廣泛：包含 string 型態的 title 屬性以及**任何其他屬性**，只要 darkMode 屬性不要被設為 true 或 false 之外的值都行。

我們很容易忘記 TypeScript 型態有多寬廣。下面的值也可以指派給 Options：

```
const o1: Options = document;  // OK
const o2: Options = new HTMLAnchorElement;  // OK
```

document 與 HTMLAnchorElement 的實例都有 string 型態的 title 屬性，所以這些賦值都沒問題。Options 真的是很寬廣的型態。

多餘屬性檢查會試著控制這種情況，並且不損害型態系統的根本結構性，它的做法是禁止常值物件有專屬的未知屬性（因此它有時稱為「嚴格常值物件檢查」）。document 和 new HTMLAnchorElement 都不是常值物件，所以它們不會觸發檢查。但是 {title, darkmode} 是常值物件，所以它會觸發檢查：

```
const o: Options = { darkmode: true, title: 'Ski Free' };
                  // ~~~~~~~~ 'Options' 型態裡面沒有 'darkmode' …
```

這就是使用沒有型態註記的中間變數可以讓錯誤訊息消失的原因：

```
const intermediate = { darkmode: true, title: 'Ski Free' };
const o: Options = intermediate;  // OK
```

第一行程式的右半邊是常值物件，但第二行的右半邊（intermediate）不是，所以沒有多餘屬性檢查，因此沒有錯誤。

使用型態斷言不會觸發多餘屬性檢查：

```
const o = { darkmode: true, title: 'Ski Free' } as Options;  // OK
```

這是優先使用宣告而非斷言的原因之一（項目 9）。

如果你不想要做這種檢查，你可以使用索引簽章（index signature）來讓 TypeScript 期望額外的屬性：

```
interface Options {
  darkMode?: boolean;
  [otherOptions: string]: unknown;
}
const o: Options = { darkmode: true };  // OK
```

項目 15 將討論何時適合用它來模擬你的資料，何時不適合。

「弱」型態（只有選用屬性的型態）也會導致相關的檢查：

```
interface LineChartOptions {
  logscale?: boolean;
  invertedYAxis?: boolean;
  areaChart?: boolean;
}
const opts = { logScale: true };
const o: LineChartOptions = opts;
  // ~ '{ logScale: boolean; }' 型態沒有
  //   'LineChartOptions' 型態的屬性
```

從結構性的角度來看，`LineChartOptions` 型態應該可以包含幾乎所有物件，對這種弱型態而言，TypeScript 會加入另一項檢查，來確保值的型態與宣告的型態至少有一個一樣的屬性。與多餘屬性檢查很像的是，它可以有效地抓出拼字錯誤，而且不是嚴格的結構性。但是它與多餘屬性檢查不一樣的是，它是在進行弱型態的可賦值性檢查時發生的。

多餘屬性檢查可以有效地抓到拼字錯誤與屬性名稱的其他錯誤，structural typing 系統有時容許這些錯誤。多餘屬性檢查特別適合 `Options` 這種包含選用欄位的型態，但它的範圍也十分受限：它只能用於常值物件。務必認識多餘屬性檢查的這項限制，以及它與一般型態檢查的差異，以協助你建立兩者的心智模型。

雖然提出常數可讓錯誤訊息消失，但也會造成其他背景之下的錯誤，見項目 26 的說明。

請記住

- 當你將常值物件指派給變數，或將它當成引數傳給函式時，它會被執行多餘屬性檢查。

- 多餘屬性檢查可有效地找出錯誤，但它與 TypeScript 型態檢查器執行的一般結構性可賦值性檢查不同。混合這些程序會讓你難以建立關於可賦值性的心智模型。
- 注意多餘屬性檢查的限制：加入中間變數會排除這種檢查。

項目 12：盡量對整個函式表達式套用型態

JavaScript（與 TypeScript）的函式陳述式（*statement*）與函式表達式（*expression*）不一樣：

```
function rollDice1(sides: number): number { /* ... */ }  // 陳述式
const rollDice2 = function(sides: number): number { /* ... */ };  // 表達式
const rollDice3 = (sides: number): number => { /* ... */ };  // 也是表達式
```

TypeScript 的函式表達式有一個優點：你可以一次性地為整個函式宣告型態，不需要個別指定參數型態與回傳型態：

```
type DiceRollFn = (sides: number) => number;
const rollDice: DiceRollFn = sides => { /* ... */ };
```

當你在編輯器裡面將游標移到 `sides` 上面時，你可以看到 TypeScript 知道它的型態是 `number`。在這麼簡單的例子裡面，函式型態沒有太大的價值，但這項技術確實帶來一些可能性。

其中一種是降低重複。例如，當你想要寫一些函式來用數字做計算時：

```
function add(a: number, b: number) { return a + b; }
function sub(a: number, b: number) { return a - b; }
function mul(a: number, b: number) { return a * b; }
function div(a: number, b: number) { return a / b; }
```

你也可以將重複的函式簽章合併成一個函式型態：

```
type BinaryFn = (a: number, b: number) => number;
const add: BinaryFn = (a, b) => a + b;
const sub: BinaryFn = (a, b) => a - b;
const mul: BinaryFn = (a, b) => a * b;
const div: BinaryFn = (a, b) => a / b;
```

後者的型態註記比上一個少，而且與函式實作分開，讓邏輯更明顯。這樣也可以讓 TypeScript 檢查所有函式表達式的回傳型態都是 `number`。

你通常可以在程式庫中找到函式簽章常見的型態，例如，ReactJS 有個 `MouseEventHandler` 型態可套用到整個函式，所以你不需要為函式的參數指定 `MouseEvent` 型態。如果你是程式庫的作者，可考慮提供常見回呼的型態宣告。

當你想要匹配其他函式的簽章時，你可能也會對函式表達式套用型態。例如，在網頁瀏覽器中，`fetch` 函式可以發出 HTTP 請求來抓取某項資源：

```
const responseP = fetch('/quote?by=Mark+Twain');  // 型態是 Promise<Response>
```

你可以用 `response.json()` 或是 `response.text()` 從回應中取出資料：

```
async function getQuote() {
  const response = await fetch('/quote?by=Mark+Twain');
  const quote = await response.json();
  return quote;
}
// {
//   "quote": "If you tell the truth, you don't have to remember anything.",
//   "source": "notebook",
//   "date": "1894"
// }
```

（項目 25 將詳細介紹 Promises 與 `async/await`。）

這裡有個 bug：如果發給 `/quote` 的請求失敗了，回應的內文可能包含「404 Not Found」之類的訊息。因為它不是 JSON，`response.json()` 會回傳一個 rejected Promise，裡面有一個關於「無效的 JSON」的訊息，這會掩蓋真正的錯誤，也就是 404。

因為我們很容易忘記使用 `fetch` 時的錯誤回應不會產生 rejected Promise，所以我們來寫一個 `checkedFetch` 函式來為我們檢查狀態。因為在 `lib.dom.d.ts` 裡面，`fetch` 的型態宣告是這樣：

```
declare function fetch(
  input: RequestInfo, init?: RequestInit
): Promise<Response>;
```

所以你可以這樣編寫 `checkedFetch`：

```
async function checkedFetch(input: RequestInfo, init?: RequestInit) {
  const response = await fetch(input, init);
  if (!response.ok) {
```

```
    // 在非同步函式裡面轉換成 rejected Promise
    throw new Error('Request failed: ' + response.status);
  }
  return response;
}
```

雖然程式可以動作，但你可以採取更簡潔的寫法：

```
const checkedFetch: typeof fetch = async (input, init) => {
  const response = await fetch(input, init);
  if (!response.ok) {
    throw new Error('Request failed: ' + response.status);
  }
  return response;
}
```

我們將函式陳述式改為函式表達式，並且對整個函式套用型態（`typeof fetch`）。這可讓 TypeScript 推斷 `input` 與 `init` 參數的型態。

型態註記也可以保證 `checkedFetch` 的回傳型態與 `fetch` 的一樣。如果你使用 `return` 而不是 `throw`，TypeScript 會抓到錯誤：

```
const checkedFetch: typeof fetch = async (input, init) => {
  // ~~~~~~~~~~~~ 'Promise<Response | HTTPError>' 型態
  //                  無法指派給 'Promise<Response>' 型態
  //                'Response | HTTPError' 型態無法指派給
  //                    'Response' 型態
  const response = await fetch(input, init);
  if (!response.ok) {
    return new Error('Request failed: ' + response.status);
  }
    return response;
  }
```

第一個範例犯下的同一個錯誤也有可能產生錯誤訊息，但是地方是在呼叫 `checkedFetch` 的程式碼，而不是在實作內。

指定整個函式表達式的型態而非它的參數除了更簡潔之外，也會讓你更安全。當你寫出來的函式的型態簽章與另一個函式相同時，或是當你寫了許多函式而且它們的型態簽章都相同時，務必考慮是否可以讓所有函式使用型態宣告，而不是重複地宣告參數與回傳值的型態。

請記住

- 考慮註記函式運算式的型態，而不是註記它們的參數與回傳型態。
- 如果你不斷編寫同一個型態簽章，請提出函式型態，或看看有沒有既有的函式型態。如果你是程式庫的作者，可以提供常見回呼的型態。
- 使用 `typeof fn` 來匹配其他函式的簽章。

項目 13：知道 type 與 interface 的差異

在 TypeScript 中定義具名型態有兩種做法，你可以使用 type：

```
type TState = {
  name: string;
  capital: string;
}
```

或是使用 interface：

```
interface IState {
  name: string;
  capital: string;
}
```

（你也可以使用 `class`，但它是 JavaScript 執行期概念，也會引入一個值。見項目 8。）

你應該使用哪一種？ `type` 還是 `interface` ？這兩個選項經歷多年的變遷之後，它們之間的界線已經越來越模糊了，以致於你在許多情況下都可以使用兩者。但你仍然要留意 `type` 與 `interface` 之間的差異，並且在特定的情況下堅持使用其中一種。你也要知道如何用它們來寫出相同的型態，這樣才可以輕鬆地閱讀使用它們其中一個寫出來的 TypeScript。

這個項目的範例會在型態名稱的前面加上 `I` 或 `T` 來指出它們是以哪一種來定義的，不要在你的程式裡面這樣做！ C# 經常在 interface 型態前面加上 `I`，TypeScript 在早期也經常依循這種習慣。但現在普遍認為這是不好的做法，因為這是沒必要的，沒有太多好處，而且標準程式庫不一定這樣做。

我們先來看它們的相似之處：你幾乎分不出這兩種 State 型態。如果你在定義 IState 或 TState 值的時候使用額外的屬性，你會看到一字不差的錯誤訊息：

```
const wyoming: TState = {
  name: 'Wyoming',
  capital: 'Cheyenne',
  population: 500_000
// ~~~~~~~~~~~~~~~~~~  … 型態無法指派給 'TState' 型態
//                     常值物件只能指定已知屬性，
//                     而 'TState' 型態沒有 'population'
};
```

interface 和 type 都可以使用索引簽章（index signature）：

```
type TDict = { [key: string]: string };
interface IDict {
  [key: string]: string;
}
```

也都可以用來定義函式型態：

```
type TFn = (x: number) => string;
interface IFn {
  (x: number): string;
}

const toStrT: TFn = x => '' + x;  // OK
const toStrI: IFn = x => '' + x;  // OK
```

對這種簡單的函式型態而言，type 看起來比較自然，但是如果型態有屬性，這兩種宣告式看起來就更相似了：

```
type TFnWithProperties = {
  (x: number): number;
  prop: string;
}
interface IFnWithProperties {
  (x: number): number;
  prop: string;
}
```

你可以藉著提醒自己「在 JavaScript 中，函式是可呼叫的物件」來記住這個語法。

type 與 interface 都可以使用泛型：

```
type TPair<T> = {
  first: T;
  second: T;
}
interface IPair<T> {
  first: T;
  second: T;
}
```

`interface` 可以 extend `type`（有一些需要注意的地方，稍後解釋），`type` 也可以 extend `interface`：

```
interface IStateWithPop extends TState {
  population: number;
}
type TStateWithPop = IState & { population: number; };
```

這些型態同樣是等效的。需要注意的是，`interface` 不能 extend 聯集型態等複雜的型態，如果你想要做這種事，你就要使用 `type` 和 `&`。

類別可以 implement `interface` 或簡單的 type：

```
class StateT implements TState {
  name: string = '';
  capital: string = '';
}
class StateI implements IState {
  name: string = '';
  capital: string = '';
}
```

以上是兩者的相似處。那差異處呢？你已經看過一種了：`type` 有聯集，但 `interface` 沒有。

```
type AorB = 'a' | 'b';
```

有時 extend 聯集型態很好用，如果你讓 `Input` 與 `Output` 變數使用不同的 type，並且有一個將名稱對映至變數的 map：

```
type Input = { /* ... */ };
type Output = { /* ... */ };
interface VariableMap {
  [name: string]: Input | Output;
}
```

你可能會用 type 來將名稱指派給變數，像是：

```
type NamedVariable = (Input | Output) & { name: string };
```

interface 無法表示這個 type。type 的用途通常比 interface 多。它可以是聯集，也可以利用比較高級的功能，例如對映（mapped）型態或條件（conditional）型態。

type 也比較容易表達 tuple 與陣列型態：

```
type Pair = [number, number];
type StringList = string[];
type NamedNums = [string, ...number[]];
```

雖然你也可以用 interface 來表示類似 tuple 的東西：

```
interface Tuple {
  0: number;
  1: number;
  length: 2;
}
const t: Tuple = [10, 20];  // OK
```

但是這種做法很彆扭，也會去掉 tuple 的所有方法，例如 concat，所以使用 type 比較好。項目 16 會更詳細介紹數值索引的問題。

但是 interface 也有一些 type 沒有的功能，其中一種是 interface 可以**擴增**。在前面的 State 範例中，你也可以用另一種方式加入 population 欄位：

```
interface IState {
  name: string;
  capital: string;
}
interface IState {
  population: number;
}
const wyoming: IState = {
  name: 'Wyoming',
```

```
    capital: 'Cheyenne',
    population: 500_000
  };  // OK
```

這種做法稱為「宣告合併（declaration merging）」，如果你沒有看過它，可能會被它嚇一跳。它通常會在型態宣告檔案（第 6 章）中使用，如果你寫了一個這種檔案，你應該要遵守規範，使用 `interface` 來提供它。使用它的原因是，在你的 type 宣告式中，可能有一些需要讓使用者填空的地方，他們就是要這樣做。

TypeScript 使用合併來取得不同的 JavaScript 標準程式庫版本的各種型態。例如，`Array` 介面是在 *lib.es5.d.ts* 裡面定義的，在預設情況下，你只會得到它，但如果你在 *tsconfig.json* 的 `lib` 項目加入 `ES2015`，TypeScript 也會納入（include）*lib.es2015.d.ts*，這會納入另一個 `Array` interface，而且它有額外的方法，例如在 ES2015 加入的 `find`。藉由合併，它們會被加入其他的 `Array` 介面。最終，你會得到一個具有正確方法的 `Array` 型態。

一般的程式和宣告式都支援合併，所以你應該注意這種可能性。如果你不想讓別人擴增你的型態，那就使用 `type`。

回到這個項目開頭的問題：該使用 `type` 還是 `interface`？在處理複雜的型態時，你別無選擇，必須使用 type。但是對於可用這兩種方式來表示的簡單物件呢？你必須考慮一致性與擴增性，你正在處理的基礎程式都使用 `interface` 嗎？若是，那就持續使用 `interface`。還是它都使用 `type`？那就使用 `type`。

對尚未建立風格的專案而言，你應該考慮擴增性。你會公開 API 的型態宣告式嗎？如果是，或許讓你的用戶可以在 API 改變時，用 `interface` 併入新欄位是件好事。但是如果型態是在專案內部使用的，使用宣告合併應該是錯誤的做法，此時應該選擇 `type`。

請記住

- 瞭解 `type` 與 `interface` 之間的差異與相似處。
- 知道如何用這兩種語法來編寫同樣的型態。
- 在決定要在專案中使用哪一種時，應考慮既有的風格，以及擴增是否有益。

項目 14：使用型態操作與泛型來避免重複

下面的腳本會印出一些圓柱的尺寸、表面積，以及體積：

```
console.log('Cylinder 1 x 1 ',
  'Surface area:', 6.283185 * 1 * 1 + 6.283185 * 1 * 1,
  'Volume:', 3.14159 * 1 * 1 * 1);
console.log('Cylinder 1 x 2 ',
  'Surface area:', 6.283185 * 1 * 1 + 6.283185 * 2 * 1,
  'Volume:', 3.14159 * 1 * 2 * 1);
console.log('Cylinder 2 x 1 ',
  'Surface area:', 6.283185 * 2 * 1 + 6.283185 * 2 * 1,
  'Volume:', 3.14159 * 2 * 2 * 1);
```

這段程式是不是看起來很痛苦？答案應該是肯定的，它有很多重複的地方，彷彿有人複製、貼上同一行程式再修改它。它不但有重複的值，也有重複的常數，這會讓錯誤偷偷跑進來（你有沒有發現它？）。比較好的做法是從中提出一些函式、一個常數與一個迴圈：

```
const surfaceArea = (r, h) => 2 * Math.PI * r * (r + h);
const volume = (r, h) => Math.PI * r * r * h;
for (const [r, h] of [[1, 1], [1, 2], [2, 1]]) {
  console.log(
    `Cylinder ${r} x ${h}`,
    `Surface area: ${surfaceArea(r, h)}`,
    `Volume: ${volume(r, h)}`);
}
```

這就是 DRY 原則：don't repeat yourself，它幾乎是軟體開發領域的通用建議。然而，懂得避免重複的程式碼的開發人員在編寫型態時可能不會如此謹慎：

```
interface Person {
  firstName: string;
  lastName: string;
}

interface PersonWithBirthDate {
  firstName: string;
  lastName: string;
  birth: Date;
}
```

重複的型態與重複的程式碼有許多相同的問題，例如，`Person` 與 `PersonWithBirthDate` 已經分開了，此時如何在 `Person` 加入選用的 `middleName` 欄位？

型態比較容易重複是因為大家在型態系統中不像在程式碼裡面那麼熟悉提出共同模式的機制，例如，提出協助函式（helper function）在型態系統中的等效機制是什麼？藉著瞭解如何在不同的型態之間對映（map），你可以讓型態定義擁有 DRY 的好處。

減少重複最簡單的方法就是為型態命名。與其這樣編寫 distance 函式：

```
function distance(a: {x: number, y: number}, b: {x: number, y: number}) {
  return Math.sqrt(Math.pow(a.x - b.x, 2) + Math.pow(a.y - b.y, 2));
}
```

你可以為型態取個名稱再使用它：

```
interface Point2D {
  x: number;
  y: number;
}
function distance(a: Point2D, b: Point2D) { /* ... */ }
```

這是「提出常數，而不是重複編寫它」在型態系統裡面的等效操作。重複的型態不見得都很容易發現，有時它們可能被語法掩蓋。如果有幾個函式共用同一個型態簽章，例如：

```
function get(url: string, opts: Options): Promise<Response> { /* ... */ }
function post(url: string, opts: Options): Promise<Response> { /* ... */ }
```

你可以為這個簽章提出一個具名型態：

```
type HTTPFunction = (url: string, opts: Options) => Promise<Response>;
const get: HTTPFunction = (url, opts) => { /* ... */ };
const post: HTTPFunction = (url, opts) => { /* ... */ };
```

詳情見項目 12。

要如何處理 `Person/PersonWithBirthDate` 範例？你可以讓一個 interface extend 另一個 interface 來消除重複：

```
interface Person {
  firstName: string;
  lastName: string;
}

interface PersonWithBirthDate extends Person {
  birth: Date;
}
```

接下來你只要編寫額外的欄位即可。如果有兩個 interface 共享它們的欄位的子集合，你可以提出一個基本類別，只在裡面放入共同的欄位。以程式碼來比喻，這很像使用 PI 與 2*PI 來取代 3.141593 與 6.283185。

你也可以使用交集運算子（&）來擴展既有的型態，只是這種做法比較罕見：

```
type PersonWithBirthDate = Person & { birth: Date };
```

如果你想要在一個（無法 extend 的）聯集型態中加入額外的屬性，這是最方便的技術。詳情見項目 13。

你也可以反向操作。當你用一個 State 型態來代表整個 app 的狀態，並且用另一個 TopNavState 來代表部分狀態時，該怎麼做？

```
interface State {
  userId: string;
  pageTitle: string;
  recentFiles: string[];
  pageContents: string;
}
interface TopNavState {
  userId: string;
  pageTitle: string;
  recentFiles: string[];
}
```

與其 extend TopNavState 來建立 State，你可以將 TopNavState 定義成 State 的欄位的子集合，這樣子你就可以留下一個定義整個 app 的狀態的 interface 了。

你可以在屬性的型態中使用 State 和索引來移除重複：

```
type TopNavState = {
  userId: State['userId'];
  pageTitle: State['pageTitle'];
  recentFiles: State['recentFiles'];
};
```

雖然它比較長，但它已經進步了：當你改變 State 的 pageTitle 的型態時，TopNavState 的屬性也會被影響。但它仍然有重複。你可以用**對映型態**（*mapped type*）來改善：

```
type TopNavState = {
  [k in 'userId' | 'pageTitle' | 'recentFiles']: State[k]
};
```

將游標移到 TopNavState 上面可以看到這個定義與上一個一模一樣（見圖 2-10）。

```
type TopNavState = {
    userId: string;
    pageTitle: string;
    recentFiles: string[];
}
```

```
type TopNavState = {
  [k in 'userId' | 'pageTitle' | 'recentFiles']: State[k]
}
```

圖 2-10　在文字編輯器中顯示對映型態的擴展版本。它與初始定義一樣，但重複的地方比較少

對映型態相當於型態系統版本的「迭代陣列的欄位」。這一種模式很常見，所以被放入標準程式庫，它稱為 Pick：

```
type Pick<T, K> = { [k in K]: T[k] };
```

（稍後你會看到這個定義不太完整。）你可以這樣使用它：

```
type TopNavState = Pick<State, 'userId' | 'pageTitle' | 'recentFiles'>;
```

Pick 是一種**泛型型態**。用移除重複程式碼來比喻，使用 Pick 相當於呼叫一個函式。Pick 接收兩個型態，T 與 K，並回傳第三個，很像一個接收兩個值並回傳第三個值的函式。

tagged union 也有可能產生另一種重複。如果你只想要標籤的型態呢？

```
interface SaveAction {
  type: 'save';
  // ...
}
interface LoadAction {
  type: 'load';
  // ...
}
type Action = SaveAction | LoadAction;
type ActionType = 'save' | 'load';  // 重複的型態！
```

你可以定義 ActionType 並且藉著對 Action 聯集使用索引來避免重複：

```
type ActionType = Action['type'];  // 型態是 "save" | "load"
```

當你在 Action 聯集中加入更多型態時，ActionType 會自動納入它們。這個型態與你使用 Pick 得到的不一樣，Pick 會給你一個有 type 屬性的 interface：

```
type ActionRec = Pick<Action, 'type'>;  // {type: "save" | "load"}
```

當你定義一個可以初始化，以後也可以更新的類別時，傳給更新（update）方法的參數的型態大部分都與傳給建構式的參數一樣：

```
interface Options {
  width: number;
  height: number;
  color: string;
  label: string;
}
interface OptionsUpdate {
  width?: number;
  height?: number;
  color?: string;
  label?: string;
}
class UIWidget {
  constructor(init: Options) { /* ... */ }
  update(options: OptionsUpdate) { /* ... */ }
}
```

你可以用對映型態與 keyof 來用 Options 建立 OptionsUpdate：

```
type OptionsUpdate = {[k in keyof Options]?: Options[k]};
```

keyof 接收一個型態，並給你它的鍵的型態的聯集：

```
type OptionsKeys = keyof Options;
// 型態是 "width" | "height" | "color" | "label"
```

對映型態（[k in keyof Options]）會迭代它們，在 Options 裡面尋找對應的值的型態？可將各個屬性變成選用的。因為這個模式也很常見，所以也被加入標準程式庫，稱為 Partial：

```
class UIWidget {
  constructor(init: Options) { /* ... */ }
  update(options: Partial<Options>) { /* ... */ }
}
```

或許你想要定義一個符合某個值的外形的型態：

```
const INIT_OPTIONS = {
  width: 640,
  height: 480,
  color: '#00FF00',
  label: 'VGA',
};
interface Options {
  width: number;
  height: number;
  color: string;
  label: string;
}
```

此時可以使用 typeof：

```
type Options = typeof INIT_OPTIONS;
```

TypeScript 刻意使用 JavaScript 的執行期 typeof 運算子，但它是在 TypeScript 型態層面上操作，而且更精確。typeof 的詳情可參考項目 8。但是當你用值來衍生型態時要很小心。通常比較好的做法是先定義型態，再宣告可指派給它們的值。這可讓你的型態更明確，並且比較不會被意外加寬影響（項目 21）。

類似的情況，你可能想要幫函式或方法的推斷回傳值建立具名型態：

```
function getUserInfo(userId: string) {
  // ...
  return {
    userId,
    name,
    age,
    height,
    weight,
    favoriteColor,
  };
}
// 推斷的回傳型態是 { userId: string; name: string; age: number, ... }
```

你要使用條件型態（conditional type，見項目 50）才能這樣做。但是之前說過，標準程式庫已經為這種常見的模式定義泛型型態了，在這個例子中，ReturnType 泛型可以做你想做的事情：

```
type UserInfo = ReturnType<typeof getUserInfo>;
```

請注意，ReturnType 處理 typeof getUserInfo，即函式的型態，不是 getUserInfo，即函式的值。請像 typeof 一樣明智地使用這項技術，不要混淆你的真相來源。

泛型型態相當於型態的函式，而函式正是邏輯領域的 DRY 關鍵元素。所以將泛型視為型態的 DRY 關鍵元素應該不是奇怪的事情，但是這個比喻不太對，因為你是用型態系統來約束可以用函式來對映的值：你是在加入數字而不是物件，你是在尋找形狀的面積而不是資料紀錄。如何在泛型型態中約束參數？

你可以使用 extends。你可以在宣告任何泛型參數時，讓它 extends 一個型態。例如：

```
interface Name {
  first: string;
  last: string;
}
type DancingDuo<T extends Name> = [T, T];

const couple1: DancingDuo<Name> = [
  {first: 'Fred', last: 'Astaire'},
  {first: 'Ginger', last: 'Rogers'}
];  // OK
const couple2: DancingDuo<{first: string}> = [
                       // ~~~~~~~~~~~~~~~
                       // '{ first: string; }' 型態沒有 'last' 屬性，
                       // 但 'Name' 型態需要它
  {first: 'Sonny'},
  {first: 'Cher'}
];
```

因為 {first: string} 沒有 extend Name，因此出現錯誤訊息。

目前使用 TypeScript 時，必須在宣告式中寫出泛型參數，不可以將 DancingDuo<Name> 寫成 DancingDuo。如果你想要讓 TypeScript 推斷泛型參數的型態，可以使用這種謹慎地宣告型態的等效函式：

```
const dancingDuo = <T extends Name>(x: DancingDuo<T>) => x;
const couple1 = dancingDuo([
  {first: 'Fred', last: 'Astaire'},
  {first: 'Ginger', last: 'Rogers'}
]);
const couple2 = dancingDuo([
  {first: 'Bono'},
// ~~~~~~~~~~~~~~
  {first: 'Prince'}
// ~~~~~~~~~~~~~~~~
```

```
//     '{ first: string; }' 型態沒有 'last' 屬性，
//     但 'Name' 型態需要它
]);
```

項目 26 介紹的 inferringPick 是這種做法的變體，它很好用。

你可以使用 extends 來完成之前的 Pick 的定義，如果你用型態檢查器來執行原始的版本，你會看到錯誤：

```
type Pick<T, K> = {
  [k in K]: T[k]
    // ~ 'K' 型態無法指派給 'string | number | symbol' 型態
};
```

在這個型態中，K 沒有被約束，而且顯然太廣泛了：它必須是某種可以當成索引來使用的東西，也就是 string | number | symbol。但是你可以窄化它—K 應該是 T 的鍵（keyof T）的子集合：

```
type Pick<T, K extends keyof T> = {
  [k in K]: T[k]
};  // OK
```

將型態想成值的集合（項目 7）可幫助你將「extends」視為「…的子集合」。

當你製作越來越抽象的型態時，記得盯緊目標：接受有效的程式並拒絕無效的。在這個例子中，約束導致的結果就是—將錯誤的鍵傳給 Pick 會產生錯誤：

```
type FirstLast = Pick<Name, 'first' | 'last'>;  // OK
type FirstMiddle = Pick<Name, 'first' | 'middle'>;
                           // ~~~~~~~~~~~~~~~~~~
                           // '"middle"' 型態無法指派給
                           // '"first" | "last"' 型態
```

在型態空間裡重複程式碼以及複製 / 貼上程式碼，與在值空間中做這些事情一樣不好，在型態空間中用來避免重複的結構或許不像在程式邏輯領域的那麼熟悉，但它們確實值得學習。Don't repeat yourself ！

請記住

- DRY（don't repeat yourself）原則適用於型態，就像它適用於邏輯。
- 為型態命名，不要重複它們，使用 extends 來避免在 interface 中重複欄位。

- 瞭解 TypeScript 提供的、在型態之間對映的工具，包括 keyof、typeof、檢索，以及對映型態。
- 泛型型態相當於型態界的函式，用它們在型態之間對映，避免重複型態。使用 extends 來約束泛型型態。
- 熟悉標準程式庫定義的泛型型態，例如 Pick、Partial 與 ReturnType。

項目 15：讓動態資料使用索引簽章

建立物件的 JavaScript 語法很方便，也是它最棒的功能之一：

```
const rocket = {
  name: 'Falcon 9',
  variant: 'Block 5',
  thrust: '7,607 kN',
};
```

JavaScript 的物件可將字串鍵對映至任何型態的值，TypeScript 可讓你使用這種靈活的對映機制，做法是為型態指定*索引簽章*（*index signature*）：

```
type Rocket = {[property: string]: string};
const rocket: Rocket = {
  name: 'Falcon 9',
  variant: 'v1.0',
  thrust: '4,940 kN',
};  // OK
```

[property: string]: string 就是索引簽章，它指定三件事：

鍵的名稱

純粹用來記錄，型態檢查器不會使用它。

鍵的型態

必須是 string、number 或 symbol 的組合，通常只會使用 string（見項目 16）。

值的型態

可以是任何東西。

雖然它可以做型態檢查，但它有一些缺點：

- 它允許任何鍵，包括不正確的。如果你將 name 寫成 Name，它仍然是有效的 Rocket 型態。
- 它不需要任何特定的鍵，{} 也是有效的 Rocket。
- 不能讓不同的鍵使用不同的型態。例如，thrust 應該是 number 才對，不是 string。
- TypeScript 的語言服務無法協助你處理這種型態。當你輸入 name: 時無法使用自動完成功能，因為鍵可能是任何東西。

簡言之，索引簽章不太精確，通常都有更好的替代方案。在這個例子中，Rocket 顯然應該使用 interface：

```
interface Rocket {
  name: string;
  variant: string;
  thrust_kN: number;
}
const falconHeavy: Rocket = {
  name: 'Falcon Heavy',
  variant: 'v1',
  thrust_kN: 15_200
};
```

現在 thrust_kN 是 number，而且 TypeScript 會檢查所有必要的欄位是否存在。你可以使用所有優秀的 TypeScript 語言服務：自動完成、跳到定義式、更改名稱，全部都可以運作。

那麼索引簽章有什麼用途？它的典型用途是處理真正動態的資料，例如來自 CSV 檔案的資料，這種檔案有一個標題列，你想要用物件來代表資料列，並且用欄名來對映值：

```
function parseCSV(input: string): {[columnName: string]: string}[] {
  const lines = input.split('\n');
  const [header, ...rows] = lines;
  return rows.map(rowStr => {
    const row: {[columnName: string]: string} = {};
    rowStr.split(',').forEach((cell, i) => {
      row[header[i]] = cell;
    });
    return row;
  });
}
```

在這種情況下，你無法預知欄名，所以適合使用索引簽章。如果 parseCSV 的使用者在特定背景之下比較知道欄位是什麼，他們可能想要使用斷言來指定更具體的型態：

```
interface ProductRow {
  productId: string;
  name: string;
  price: string;
}

declare let csvData: string;
const products = parseCSV(csvData) as unknown as ProductRow[];
```

當然，你無法保證執行期的欄位符合預期。如果你關心這件事，你可以幫型態加上 undefined：

```
function safeParseCSV(
  input: string
): {[columnName: string]: string | undefined}[] {
  return parseCSV(input);
}
```

現在每一次存取時都會檢查：

```
const rows = parseCSV(csvData);
const prices: {[produt: string]: number} = {};
for (const row of rows) {
  prices[row.productId] = Number(row.price);
}

const safeRows = safeParseCSV(csvData);
for (const row of safeRows) {
  prices[row.productId] = Number(row.price);
      // ~~~~~~~~~~~~~ 'undefined' 型態無法當成索引型態使用
}
```

當然，這可能會讓型態更難用，請自行評估是否使用。

如果你的型態只會包含有限的欄位集合，那就不要用索引簽章來模擬它。例如，如果你知道你的資料有 A、B、C、D 之類的鍵，但是你不知道會有多少其中的鍵，你可以用選用欄位或聯集來模擬這種型態：

```
interface Row1 { [column: string]: number }  // 太廣泛
interface Row2 { a: number; b?: number; c?: number; d?: number }  // 比較好
type Row3 =
```

```
    | { a: number; }
    | { a: number; b: number; }
    | { a: number; b: number; c: number; }
    | { a: number; b: number; c: number; d: number };
```

最後一個形式最精確，但它可能比較難用。

如果使用索引簽章的問題是 `string` 太寬廣了，你可以採取一些其他的替代方案。其中一種是使用 `Record`，這是一種泛型型態，可讓你的鍵型態更靈活，具體來說，你可以傳入 `string` 的子集合：

```
type Vec3D = Record<'x' | 'y' | 'z', number>;
// Type Vec3D = {
//   x: number;
//   y: number;
//   z: number;
// }
```

另一種做法是使用對映型態，它可讓不同的鍵使用不同的型態：

```
type Vec3D = {[k in 'x' | 'y' | 'z']: number};
// 與之前一樣
type ABC = {[k in 'a' | 'b' | 'c']: k extends 'b' ? string : number};
// Type ABC = {
//   a: number;
//   b: string;
//   c: number;
// }
```

請記住

- 如果你在執行期之前無法知道物件的屬性，可以使用索引簽章，例如，當你從 CSV 檔案載入它們時。
- 考慮在索引簽章的值型態加入 `undefined` 來更安全地存取它。
- 盡量使用比索引簽章更精確的型態，例如 `interface`、`Record` 或對映型態。

項目 16：優先使用陣列、tuple 與 ArrayLike 為索引簽章編號

大家都知道 JavaScript 是一種有許多怪癖的語言，有些臭名昭著的怪癖都與強制隱性型態轉換有關：

```
> "0" == 0
true
```

但是它們通常可以用 `===` 與 `!==`，而不是較具強制性的近親來避免。

JavaScript 的物件模型也有一些怪癖，瞭解它們是比較重要的事情，因為 TypeScript 的型態系統也模擬了其中的一些。你已經在項目 10（討論包裝物件型態）看過其中一種怪癖了。這個項目將討論另一種。

什麼是物件？在 JavaScript 中，它是鍵 / 值的集合。鍵通常是字串（在 ES2015 與之前的版本中，它們也可能是 symbol），值可以是任何東西。

它比你在許多其他語言中看到的還要受限。JavaScript 沒有 Python 或 Java 的「hashable」物件的概念。如果你試著將比較複雜的物件當成鍵來使用，JavaScript 會執行它的 `toString` 方法來將它轉換成字串：

```
> x = {}
{}
> x[[1, 2, 3]] = 2
2
> x
{ '1,2,3': 1 }
```

更明確地說，**數字**無法當成鍵來使用。如果你試著把將數字當成屬性名稱來使用，JavaScript runtime 會將它轉換成字串：

```
> { 1: 2, 3: 4}
{ '1': 2, '3': 4 }
```

那陣列是什麼？它們當然是物件：

```
> typeof []
'object'
```

而且在它們裡面使用數值索引很常見：

```
> x = [1, 2, 3]
[ 1, 2, 3 ]
> x[0]
1
```

它們會被轉為字串嗎？作為最奇怪怪癖之一，答案是肯定的。你也可以用字串鍵來存取陣列的元素：

```
> x['1']
2
```

使用 `Object.keys` 來列出陣列的鍵會得到字串：

```
> Object.keys(x)
[ '0', '1', '2' ]
```

為了將這種怪癖合理化，TypeScript 允許數值鍵，並且區分數值鍵與字串。當你深究 `Array` 的型態宣告（項目 6）時，你會在 *lib.es5.d.ts* 裡面找到它：

```
interface Array<T> {
  // ...
  [n: number]: T;
}
```

它純粹是虛構的（在執行期收到的是字串鍵，因為 ECMAScript 標準規定如此），但是它有助於捕捉錯誤：

```
const xs = [1, 2, 3];
const x0 = xs[0];  // OK
const x1 = xs['1'];
           // ~~~ 元素有隱性的 'any' 型態
           //     因為索引的表達型態不是 'number'

function get<T>(array: T[], k: string): T {
  return array[k];
            // ~ 元素有隱性的 'any' 型態
            //   因為索引的表達型態不是 'number'
}
```

雖然這個假象很有幫助，但你一定要記得它只是虛構的。如同 TypeScript 型態系統的所有層面，它在執行期會被移除（項目 3）。也就是說，Object.keys 之類的結構仍然會回傳字串：

```
const keys = Object.keys(xs);  // 型態是 string[]
for (const key in xs) {
  key;  // 型態是 string
  const x = xs[key];  // 型態是 number
}
```

雖然上面的例子可以成功執行有點令人吃驚，因為 string 是不能指派給 number 的，但是我們最好將它視為針對這種陣列遍歷風格的一種務實讓步。雖然這種風格在 JavaScript 中很常見，卻不代表它是遍歷陣列的好方法，如果你不在乎索引，你可以使用 for-of：

```
for (const x of xs) {
  x;  // 型態是 number
}
```

如果你在乎索引，你可以使用 Array.prototype.forEach，它會給你 number：

```
xs.forEach((x, i) => {
  i;  // 型態是 number
  x;  // 型態是 number
});
```

如果你要提早跳出迴圈，最好使用 C 風格的 for(;;) 迴圈：

```
for (let i = 0; i < xs.length; i++) {
  const x = xs[i];
  if (x < 0) break;
}
```

如果型態無法說服你使用它，或許性能可以：在多數的瀏覽器與 JavaScript 引擎中，用 for-in 迴圈來遍歷陣列比用 for-of 或 C 風格的 for 迴圈慢好幾個數量級。

一般來說，使用 number 索引簽章代表你放入東西的必須是 number（除了 for-in 迴圈這個明顯的例外），但你取出來的是 string。

不要覺得奇怪，它本來就是如此！我們通常沒有什麼理由非得使用 number 而不是 string 作為型態的索引簽章不可，如果你想要指定某種將以數字來檢索的東西，或許要改用 Array 或 tuple。使用 number 作為索引型態可能會讓人誤解數值屬性是一種屬於 JavaScript 的東西，包括你自己還有程式的讀者。

如果你不接受 Array 型態的原因是它有許多你用不到的屬性（來自它的原型），例如 push 與 concat，很好！這代表你具備結構思維！（如果你想要複習這一點，可參考項目 4。）如果你真的想要接收任何長度的 tuple，或任何類似陣列的結構，你可以使用 TypeScript 的 ArrayLike 型態：

```
function checkedAccess<T>(xs: ArrayLike<T>, i: number): T {
  if (i < xs.length) {
    return xs[i];
  }
  throw new Error(`Attempt to access ${i} which is past end of array.`)
}
```

它只有一個 length 與數值索引簽章。如果在極罕見的情況下，它就是你需要的，那就使用它，但請記得，鍵仍然是字串！

```
const tupleLike: ArrayLike<string> = {
  '0': 'A',
  '1': 'B',
  length: 2,
};  // OK
```

請記住

- 陣列是物件，所以它們的鍵是字串，不是數字。number 索引簽章是用來抓 bug 的純 TypeScript 結構。
- 若要自行在索引簽章內使用 number，請優先使用 Array、tuple 或 ArrayLike 型態。

項目 17：使用 readonly 來避免意外變動造成的錯誤

這是印出三角形數字（1, 1+2, 1+2+3 等）的程式：

```
function printTriangles(n: number) {
  const nums = [];
  for (let i = 0; i < n; i++) {
    nums.push(i);
    console.log(arraySum(nums));
  }
}
```

這段程式很簡單，但是執行它的結果是：

```
> printTriangles(5)
0
1
2
3
4
```

問題出在你假設 `arraySum` 不會修改 `nums`。這是我的寫法：

```
function arraySum(arr: number[]) {
  let sum = 0, num;
  while ((num = arr.pop()) !== undefined) {
    sum += num;
  }
  return sum;
}
```

這個函式會計算陣列內的數字的總和，但它也有一個副作用—清空陣列！TypeScript 很會做這種事，因為 JavaScript 陣列是可變的。

為了確保 `arraySum` 不會意外修改陣列，你可以用 `readonly` 型態修改符（type modifier）：

```
function arraySum(arr: readonly number[]) {
  let sum = 0, num;
  while ((num = arr.pop()) !== undefined) {
                // ~~~ 'readonly number[]' 型態裡面沒有 'pop'
    sum += num;
  }
  return sum;
}
```

這個錯誤訊息很值得研究。`readonly number[]` 是個**型態**，它與 `number[]` 有幾個差異：

- 你可以讀取它的元素，但無法寫入它們。
- 你可以讀取它的 `length`，但不能設定它（這會改變陣列）。
- 你不能呼叫 `pop` 或其他會修改陣列的方法。

因為嚴格來說，number[] 的功能比 readonly number[] 強大，所以 number[] 是 readonly number[] 的子型態（這件事很容易被反過來想，見項目 7！）。所以你可以將一個可變陣列指派給一個 readonly 陣列，但無法反向操作：

```
const a: number[] = [1, 2, 3];
const b: readonly number[] = a;
const c: number[] = b;
   // ~ 'readonly number[]' 型態是 'readonly'，
   //    無法指派給可變型態 'number[]'
```

這個結果很合理：如果你連型態斷言都不需要使用就可以移除 readonly 的話，它就沒有什麼用途了。

將一個參數宣告成 readonly 會發生幾件事情：

- TypeScript 會確認參數在函式內文中沒有被改變。
- 它可讓呼叫方相信你的函式不會改變參數。
- 呼叫方可將一個 readonly 陣列傳給你的函式。

很多人預期 JavaScript（與 TypeScript）的函式不會改變它們的參數，除非有明確地註記，但是正如我們將在本書中反覆看到的（特別是項目 30 與 31），這種隱性的認知可能會造成型態檢查層面的問題。為了人類讀者，也為了 tsc，你最好明顯地提示它們。

修正 arraySum 很簡單：不要改變陣列！

```
function arraySum(arr: readonly number[]) {
  let sum = 0;
  for (const num of arr) {
    sum += num;
  }
  return sum;
}
```

現在 printTriangles 的行為與你預期的一樣了：

```
> printTriangles(5)
0
1
3
6
10
```

如果你的函式不會改變它的參數，你就要將它們宣告為 readonly。這種做法的負面影響相對較小：使用者可以用比較寬廣的型態集合（項目 29）來呼叫它們，且意外的變動可以被發現。

或許你需要呼叫沒有將參數設為 readonly 的函式。如果這種函式不會改變它們的參數，而且在你的控制之下，請將它設為 readonly！readonly 具有感染性：當你將一個函式設為 readonly 時，你也要這樣子設定它呼叫的所有函式。這是件好事，因為它會產生更簡潔的合約，與更安全的型態。但如果你呼叫的是其他程式庫裡面的函式，你應該無法改變它的型態宣告，此時可能要改用型態斷言（param as number[]）。

readonly 也可以用來捕捉涉及區域變數的意外變動錯誤。假設你要寫一個處理小說的工具。你想要將好幾行文字整合成好幾個段落，並且用空格隔開它們：

```
Frankenstein; or, The Modern Prometheus
by Mary Shelley

You will rejoice to hear that no disaster has accompanied the commencement
of an enterprise which you have regarded with such evil forebodings.I arrived
here yesterday, and my first task is to assure my dear sister of my welfare and
increasing confidence in the success of my undertaking.

I am already far north of London, and as I walk in the streets of Petersburgh,
I feel a cold northern breeze play upon my cheeks, which braces my nerves and
fills me with delight.
```

你試著這樣做[1]：

```
function parseTaggedText(lines: string[]): string[][] {
  const paragraphs: string[][] = [];
  const currPara: string[] = [];

  const addParagraph = () => {
    if (currPara.length) {
      paragraphs.push(currPara);
      currPara.length = 0;  // 清除一行文字
    }
  };
  for (const line of lines) {
    if (!line) {
      addParagraph();
    } else {
```

1　在實務上，你可能會直接寫成 lines.join('\n').split(/\n\n+/)，姑且忍耐一下。

```
        currPara.push(line);
      }
    }
    addParagraph();
    return paragraphs;
  }
```

當你對著本項目開頭的範例執行這個程式時，你會得到：

```
  [ [], [], [] ]
```

錯得離譜！

這段程式的問題在於它有一個有害的組合：aliasing（使用別名）與意外變動。aliasing 出現在這一行：

```
  paragraphs.push(currPara);
```

這一行是將 currPara 的參考 push 至陣列，而不是 push currPara 的內容。當你將新值傳給 currPara 或清除它時，這項改變也會出現在 paragraphs 的項目中，因為它們指向同一個物件。

換句話說，這段程式：

```
  paragraphs.push(currPara);
  currPara.length = 0;  // 清除各行文字
```

會將一段新文字推入 paragraphs 並且立刻清除它。

問題的根源在於設定 currPara.length 與呼叫 currPara.push 都會意外地改變 currPara 陣列。你可以宣告 readonly 來阻止這個行為，加入它之後，你會立刻看到幾個錯誤：

```
  function parseTaggedText(lines: string[]): string[][] {
    const currPara: readonly string[] = [];
    const paragraphs: string[][] = [];

    const addParagraph = () => {
      if (currPara.length) {
        paragraphs.push(
          currPara
       // ~~~~~~~~ 'readonly string[]' 型態是 'readonly'，而且
       //          無法指派給可變的 'string[]' 型態
```

```
      );
      currPara.length = 0;  // 清除各行文字
            // ~~~~~~ 無法指派給 'length'，因為它是
            // 唯讀屬性
    }
  };
  for (const line of lines) {
    if (!line) {
      addParagraph();
    } else {
      currPara.push(line);
            // ~~~~ 'readonly string[]' 型態裡面沒有 'push' 屬性
    }
  }
  addParagraph();
  return paragraphs;
}
```

你可以用 let 來宣告 currPara，並使用 readonly 方法來修正其中兩項錯誤：

```
let currPara: readonly string[] = [];
// ...
currPara = [];  // 清除文字行
// ...
currPara = currPara.concat([line]);
```

與 push 不同的是，concat 會回傳新陣列，保持原始陣列的不變。藉著將宣告式從 const 改成 let 並且加入 readonly，你將可變性轉移到別的地方，現在 currPara 變數可以自由地指向任何陣列了，但那些陣列本身無法改變。

最後是關於 paragraphs 的錯誤，修正它的辦法有三種。

首先，你可以製作 currPara 的副本：

```
paragraphs.push([...currPara]);
```

它可以修正錯誤的原因是，雖然 currPara 維持 readonly，但你可以隨心所欲地更改副本。

第二，你可以將 paragraphs（與函式的回傳型態）改成 readonly string[] 的陣列：

```
const paragraphs: (readonly string[])[] = [];
```

（括號的位置很重要：readonly string[][] 是可變陣列的 readonly 陣列，而不是 readonly 陣列的可變陣列。）

這種做法可行，但是對 parseTaggedText 的使用者來說似乎有點無禮，何必干涉他們在函式 return 之後會對 paragraphs 做什麼事？

第三，你可以使用斷言來排除陣列的 readonly 性質：

```
paragraphs.push(currPara as string[]);
```

因為你是在下一個陳述式將 currPara 指派給新陣列，所以這應該不是最令人反感的斷言。

readonly 有一個重大的問題在於它是**淺的**，你可以在前面的 readonlystring[][] 看到這一點。如果你有一個物件組成的 readonly 陣列，物件本身並非 readonly：

```
const dates: readonly Date[] = [new Date()];
dates.push(new Date());
   // ~~~~ 'readonly Date[]' 型態沒有 'push' 屬性
dates[0].setFullYear(2037);  // OK
```

readonly 有個處理物件的近親也有類似的情況，Readonly 泛型：

```
interface Outer {
  inner: {
    x: number;
  }
}
const o: Readonly<Outer> = { inner: { x:0 }};
o.inner = { x:1 };
// ~~~~ 無法指派給 'inner'，因為它是唯讀屬性
o.inner.x = 1;  // OK
```

你可以建立型態別稱，然後在編輯器裡面觀察它，看看究竟發生什麼事：

```
type T = Readonly<Outer>;
// Type T = {
//   readonly inner: {
//     x: number;
//   };
// }
```

重點在於，readonly 的對象是 inner，不是 x。在行文至此時，TypeScript 尚未支援深的 readonly 型態，但你可以建立泛型來實現它。因為寫出正確的程式很麻煩，所以建議你使用程式庫，不要親力親為。ts-essentials 的 DeepReadonly 泛型就是其中一種作品。

你也可以在索引簽章裡面使用 readonly，這樣子可以阻止寫入，但允許讀取。

```
let obj: {readonly [k: string]: number} = {};
// 或 Readonly<{[k: string]: number}
obj.hi = 45;
//  ~~ 在 type 內的索引簽章 … 只容許讀取
obj = {...obj, hi:12};  // OK
obj = {...obj, bye:34};  // OK
```

它可以防止涉及物件（而不是陣列）的 aliasing 與意外變動問題。

請記住

- 如果函式不會修改它的參數，那就將參數宣告為 readonly。這樣子可讓合約更清楚，並且防止在實作中出現意外變動。
- 使用 readonly 來防止意外變動造成的錯誤，以及找出意外變動發生的位置。
- 瞭解 const 與 readonly 的差異。
- 認知 readonly 是淺的。

項目 18：使用對映型態來讓值保持同步

假如你要寫一個繪製散布圖的 UI 元件，它會使用許多屬性型態來控制畫面與行為：

```
interface ScatterProps {
  // 資料
  xs: number[];
  ys: number[];

  // 顯示
  xRange: [number, number];
  yRange: [number, number];
  color: string;

  // 事件
  onClick: (x: number, y: number, index: number) => void;
}
```

為了避免多餘的工作，你只想在必要時重新繪製圖表。資料或顯示屬性改變時需要重繪，但事件處理器改變時不需要。這種優化在 React 元件中很常見，它可能會在每次算繪時將事件處理器 Prop 設為新的箭頭函式[2]。

這是實作這種優化的做法之一：

```
function shouldUpdate(
  oldProps: ScatterProps,
  newProps: ScatterProps
) {
  let k: keyof ScatterProps;
  for (k in oldProps) {
    if (oldProps[k] !== newProps[k]) {
      if (k !== 'onClick') return true;
    }
  }
  return false;
}
```

（項目 54 會說明這個迴圈內的 keyof 宣告。）

你或同事加入新屬性之後會發生什麼事？ shouldUpdate 函式會在那個屬性改變時重繪圖表。或許你會認為這種做法比較保守，或「fail closed（故障時自動關閉的）」，它的優點是圖表永遠看起來都沒有問題，缺點是繪製可能過於頻繁。

「fail open」的做法可能是：

```
function shouldUpdate(
  oldProps: ScatterProps,
  newProps: ScatterProps
) {
  return (
    oldProps.xs !== newProps.xs ||
    oldProps.ys !== newProps.ys ||
    oldProps.xRange !== newProps.xRange ||
    oldProps.yRange !== newProps.yRange ||
    oldProps.color !== newProps.color
    // （不檢查 onClick）
  );
}
```

2 避免在每一次算繪時建立新函式的另一種技術是 React 的 useCallback。

這種做法不會進行任何沒必要的重繪，卻有可能不會做一些**必要**的重繪，它違反「first, do no harm」優化原則，所以比較罕見。

這兩種做法都不理想，你真正的目的是強迫同事或未來的自己在加入屬性時做出決定。你可能會試著加入註釋：

```
interface ScatterProps {
  xs: number[];
  ys: number[];
  // ...
  onClick: (x: number, y: number, index: number) => void;

  // 注意：在這裡加入屬性時，記得修改 shouldUpdate !
}
```

但你真心認為這種註釋有效嗎？讓型態檢查器處理這件事應該比較好。

如果你正確地設定它，它確實可以做到。關鍵是使用對映型態（mapped type）與一個物件：

```
const REQUIRES_UPDATE: {[k in keyof ScatterProps]: boolean} = {
  xs: true,
  ys: true,
  xRange: true,
  yRange: true,
  color: true,
  onClick: false,
};

function shouldUpdate(
  oldProps: ScatterProps,
  newProps: ScatterProps
) {
  let k: keyof ScatterProps;
  for (k in oldProps) {
    if (oldProps[k] !== newProps[k] && REQUIRES_UPDATE[k]) {
      return true;
    }
  }
  return false;
}
```

`[k in keyof ScatterProps]` 告訴型態檢查器：`REQUIRES_UPDATES` 必須擁有 `ScatterProps` 的所有屬性。如果將來你在 `ScatterProps` 裡面加入新屬性：

```
interface ScatterProps {
  // ...
  onDoubleClick: () => void;
}
```

你會在 REQUIRES_UPDATE 的定義處看到錯誤：

```
const REQUIRES_UPDATE: {[k in keyof ScatterProps]: boolean} = {
  // ~~~~~~~~~~~~~~~ 型態沒有 'onDoubleClick' 屬性
  // ...
};
```

這絕對會讓問題浮現！刪除屬性或更改它的名稱也會造成類似的錯誤。

很重要的是，我們在此使用布林值的物件，如果我們使用陣列：

```
const PROPS_REQUIRING_UPDATE: (keyof ScatterProps)[] = [
  'xs',
  'ys',
  // ...
];
```

我們就會遇到同樣的 fail open/fail closed 選擇。

如果你希望一個物件的屬性與另一個物件一模一樣，對映型態是理想的選擇。就像這個範例所展示的，你可以用它來讓 TypeScript 為你約束程式。

請記住

- 使用對映型態來讓彼此相關的值與型態維持同步。
- 使用對映型態來強迫大家在介面中加入新屬性時做出選擇。

第三章

型態推斷

在業界普遍使用的語言中，「靜態定型（statically typed）」與「顯性定型（explicitly typed）」在傳統上是同義詞。C、C++、Java 都可讓你編寫你的型態。但是學術語言從未將兩者混為一談：ML 與 Haskell 之類的語言早就有複雜的型態推斷系統了，而且在過去十年之間，它已經出現在業界語言中。C++ 已經加入 `auto`，Java 也加入 `var`。

TypeScript 廣泛地使用型態推斷，如果你善用它，它可以大幅降低實現型態安全所需的型態註記數量。區分 TypeScript 新手與老手最簡單的方式是觀察型態註記的數量。有經驗的 TypeScript 開發者使用的註記較少（但是可以讓它們發揮最大的效果），但是初學者可能會將程式碼掩埋在多餘的型態註記底下。

本章將告訴你型態推斷可能產生的問題，以及如何修正它們。看完這一章之後，你就可以充分瞭解 TypeScript 如何推斷型態、何時需要編寫型態宣告，以及即使型態可以被推斷出來，何時仍然應該編寫型態宣告式。

項目 19：不要讓可推斷的型態混淆你的程式

許多新手將他們的 JavaScript 基礎程式轉換成 TypeScript 時，都會在裡面加入許多型態註記。畢竟 TypeScript 的重點就是型態！但是在 TypeScript 裡面，很多註記都是多餘的，為所有的變數宣告型態反而會降低效率，這是不好的做法。

不要寫這種程式：

```
let x: number = 12;
```

而是要將它改寫成：

```
let x = 12;
```

當你在編輯器裡面將游標移到 x 上面時，你可以看到它的型態被推斷為 number（見圖 3-1）。

```
let x: number
let x = 12;
```

圖 3-1　這個文字編輯器顯示 x 的推斷型態是 number

明確註記型態是多此一舉的，只會添加雜訊。如果你不確定型態，你可以在編輯器裡面查看它。

TypeScript 也可以推斷較複雜的物件的型態。與其這樣寫：

```
const person: {
  name: string;
  born: {
    where: string;
    when: string;
  };
  died: {
    where: string;
    when: string;
  }
} = {
  name: 'Sojourner Truth',
  born: {
    where: 'Swartekill, NY',
    when: 'c.1797',
  },
  died: {
    where: 'Battle Creek, MI',
    when: 'Nov. 26, 1883'
  }
};
```

你可以將它直接寫成：

```
const person = {
  name: 'Sojourner Truth',
```

```
  born: {
    where: 'Swartekill, NY',
    when: 'c.1797',
  },
  died: {
    where: 'Battle Creek, MI',
    when: 'Nov. 26, 1883'
  }
};
```

這些型態都一模一樣。幫值加上型態只是平添雜訊（項目 21 會進一步說明 TypeScript 為常值物件推斷出來的型態）。

適用於物件的規則也適用於陣列。TypeScript 可以輕鬆地根據函式的輸入與操作來推斷它的回傳型態：

```
function square(nums: number[]) {
  return nums.map(x => x * x);
}
const squares = square([1, 2, 3, 4]); // 型態是 number[]
```

TypeScript 也有可能推斷出比你預期的更精確的結果，這通常是件好事。例如：

```
const axis1: string = 'x';  // 型態是字串
const axis2 = 'y';  // 型態是 "y"
```

對 axis 變數而言，"y" 是更精準的型態。項目 21 有一個範例說明為何它可以修正一種型態錯誤。

讓 TypeScript 推斷型態也對重構有益。假如你有一個 Product 型態，以及一個 log 它的函式：

```
interface Product {
  id: number;
  name: string;
  price: number;
}

function logProduct(product: Product) {
  const id: number = product.id;
  const name: string = product.name;
  const price: number = product.price;
  console.log(id, name, price);
}
```

後來，你認為產品 ID 除了數字之外，也要加入字母，所以你改變 Product 的 id 的型態。因為你幫 logProduct 裡面的變數都加上明確的註記，所以出錯了：

```
interface Product {
  id: string;
  name: string;
  price: number;
}

function logProduct(product: Product) {
  const id: number = product.id;
     // ~~ 'string' 型態無法指派給 'number' 型態
  const name: string = product.name;
  const price: number = product.price;
  console.log(id, name, price);
}
```

移除 logProduct 函式裡面的所有註記，就可以在不需要修改程式碼的情況下通過型態檢查了。

編寫 logProduct 比較好的做法是使用解構賦值（項目 58）：

```
function logProduct(product: Product) {
  const {id, name, price} = product;
  console.log(id, name, price);
}
```

這個版本將所有區域變數的型態都交給 TypeScript 推斷。而使用明確的型態註記的版本既重複且凌亂：

```
function logProduct(product: Product) {
  const {id, name, price}: {id: string; name: string; price: number } = product;
  console.log(id, name, price);
}
```

如果 TypeScript 沒有足夠的背景（context，或譯為「上下文」）可以決定型態，你仍然要使用明確的型態註記。你已經看過其中一種情況了：函式參數。

有些語言可以根據參數的最終用途來推斷參數的型態，但 TypeScript 不行。在 TypeScript 中，變數的型態通常是在它第一次出現時決定的。

理想的 TypeScript 程式碼會幫函式 / 方法簽章加上型態註記，但不會幫函式內文的區域變數加上型態註記。這可以盡量降低雜訊，讓讀者把注意力放在實作邏輯上。

有時函式參數也不需要加上型態註記，例如，當它有預設值時：

```
function parseNumber(str: string, base=10) {
  // ...
}
```

在此，base 的型態被推斷為 number，因為它的預設值是 10。

當函式被當成程式庫的回呼，而且有型態宣告時，參數型態通常也可以推斷。在這個使用 express HTTP 伺服器的例子中，宣告 request 與 response 是沒必要的：

```
// 不要這樣寫：
app.get('/health', (request: express.Request, response: express.Response) => {
  response.send('OK');
});
// 請這樣寫：
app.get('/health', (request, response) => {
  response.send('OK');
});
```

項目 26 會更深入地討論如何用背景來推斷型態。

有時你仍然希望指定型態，即使它可以被推斷出來。

例如當你定義常值物件時：

```
const elmo: Product = {
  name: 'Tickle Me Elmo',
  id: '048188 627152',
  price: 28.99,
};
```

當你像這樣在定義式中指定型態時，你就啟動多餘屬性檢查（項目 11）了，這項檢查可以協助抓到錯誤，尤其是包含選用欄位的型態的錯誤。

你也可以提高錯誤訊息在正確的位置顯示出來的機率。當你移除註記時，位於物件定義的型態錯誤會被顯示在它被使用的地方，而不是它被定義的地方：

```
const furby = {
  name: 'Furby',
  id: 630509430963,
  price: 35,
};
```

```
logProduct(furby);
        // ~~~~~  .. 引數無法指派給 'Product' 型態的參數
        //           'id' 屬性的型態不相容
        //           'number' 型態無法指派給 'string' 型態
```

使用註記時，你可以在出錯的地方看到比較容易理解的錯誤：

```
 const furby: Product = {
   name: 'Furby',
   id: 630509430963,
// ~~ 'number' 型態無法指派給 'string' 型態
   price: 35,
 };
 logProduct(furby);
```

類似的考量也適用於函式的回傳型態。即使它可以被推斷出來，你可能依然想要註記它，來確保實作層面的錯誤訊息不會在函式被使用的地方顯示。

假如你有一個接收股價的函式：

```
function getQuote(ticker: string) {
  return fetch(`https://quotes.example.com/?q=${ticker}`)
    .then(response => response.json());
}
```

你決定加入一個快取，來避免重複發出網路請求：

```
const cache: {[ticker: string]: number} = {};
function getQuote(ticker: string) {
  if (ticker in cache) {
    return cache[ticker];
  }
  return fetch(`https://quotes.example.com/?q=${ticker}`)
      .then(response => response.json())
      .then(quote => {
        cache[ticker] = quote;
        return quote;
      });
}
```

這種做法有一個錯誤：你其實應該回傳 `Promise.resolve(cache[ticker])`，讓 `getQuote` 永遠都回傳一個 Promise。這個錯誤很有可能產生一個錯誤訊息…但是它會出現在呼叫 `getQuote` 的程式那邊，不是在 `getQuote` 本身：

```
getQuote('MSFT').then(considerBuying);
              // ~~~~ 'number | Promise<any>' 型態沒有
              //      'then' 屬性
              //      'number' 型態沒有 'then' 屬性
```

如果你註記了期望的回傳型態（Promise<number>），錯誤就會在正確的地方顯示：

```
const cache: {[ticker: string]: number} = {};
function getQuote(ticker: string): Promise<number> {
  if (ticker in cache) {
    return cache[ticker];
        // ~~~~~~~~~~~~~ 'number' 型態不能指派給 'Promise<number>'
  }
  // ...
}
```

註記回傳型態可以防止實作內的錯誤在使用者的程式碼中顯示出來（項目 25 討論非同步函式，它是用 Promises 避免這種錯誤的有效方法）。

寫出回傳型態或許也可以幫你更清楚地思考你的函式：你應該**先**知道它的輸入與輸出型態，**再實作它**。雖然實作的方法可能不同，但函式的合約（它的型態簽章）通常不應該改變。這種精神與測試驅動開發（TDD）相仿，在 TDD 中，你要先編寫執行函式的測試程式，再實作該函式。先編寫完整的型態簽章來協助你得到你要的函式，而不是匆忙地實作。

幫回傳值加上註記的最後一個原因是你想要使用具名型態。例如，你可能選擇不幫這個函式寫上回傳型態：

```
interface Vector2D { x: number; y: number; }
function add(a: Vector2D, b: Vector2D) {
  return { x: a.x + b.x, y: a.y + b.y };
}
```

TypeScript 推斷回傳型態是 `{ x: number; y: number; }`。它與 Vector2D 相容，但是當這段程式的使用者看到 Vector2D 是輸入的型態，卻不是輸出的時，可能會覺得很驚訝（如圖 3-2 所示）。

```
add(a: Vector2D, b: Vector2D): { x: number; y: number; }
add()
```

圖 3-2　add 函式的參數有具名型態，推斷出來的回傳值卻沒有

當你註記回傳型態時，顯示出來的訊息比較直觀。而且當你為型態撰寫註釋文件時（項目 48），它也會與回傳值連結。推斷出來的回傳型態越複雜，提供名稱的好處就越多。

如果你使用 linter，eslint 規則 `no-inferrable-types`（注意變體的拼寫）可協助你確保所有型態註記都是真正必要的。

請記住

- 當 TypeScript 可以推斷同一個型態時，不要編寫型態註記。
- 在理想情況下，你會在函式 / 方法簽章裡面使用型態註記，但是不會對它們的內文的區域變數使用它們。
- 考慮讓常值物件與函式回傳型態使用明確的註記，即使它們可被推斷，以避免實作錯誤出現在使用者的程式碼裡面。

項目 20：用不同的變數來代表不同的型態

在 JavaScript 中，你可以用同一個變數來保存不同型態的值，並且在不同的地方使用它們：

```
let id = "12-34-56";
fetchProduct(id);  // 期望字串
id = 123456;
fetchProductBySerialNumber(id);  // 期望數字
```

在 TypeScript 中，這會產生兩個錯誤：

```
    let id = "12-34-56";
    fetchProduct(id);

    id = 123456;
// ~~ '123456' 無法指派給 'string' 型態。
    fetchProductBySerialNumber(id);
                                 // ~~ 'string' 型態的引數不能指派給
                                 //    'number' 型態的參數
```

在你的編輯器裡面，將游標移到第一個 `id` 上面可以看到原因（見圖 3-3）。

```
let id: string
let id = "12-34-56";
```

圖 3-3　id 的推斷型態是 string

TypeScript 根據 "12-34-56" 這個值推斷 id 的型態是 string。number 不能指派給 string，所以出現錯誤訊息。

這個例子指出一個關於 TypeScript 的變數重點：**雖然變數的值可以改變，但它的型態通常不行**。型態經常以窄化的形式改變（項目 22），但是這會將型態縮小，而不是將它擴大並加入新的值。這一條規則有一些重要的例外（項目 41），但它們是例外，不是常規。

如何用這個概念來修改範例？為了讓 id 的型態不需要改變，它必須夠寬鬆，應該要包含 string 與 number。這正是聯集型態 string|number 的定義：

```
let id: string|number = "12-34-56";
fetchProduct(id);

id = 123456;  // OK
fetchProductBySerialNumber(id);  // OK
```

它可以修正錯誤，有趣的是，TypeScript 可以在第一次呼叫時認出 id 是 string，在第二次呼叫時認出它是 number。它可以根據賦值的情況，將聯集型態窄化。

雖然聯集型態可以解決問題，但它也有可能在過程中造成更多問題。聯集型態比 string 或 number 等簡單的型態更難使用，因為你通常要先確定它們是什麼東西才能使用它們。

比較好的做法是使用新變數：

```
const id = "12-34-56";
fetchProduct(id);

const serial = 123456;  // OK
fetchProductBySerialNumber(serial);  // OK
```

在上一個版本中，第一個 id 與第二個 id 在語義上是無關的，它們之所以產生關係，只是因為你重複使用一個變數，這會造成型態檢查器的困惑，也有可能造成人類讀者的困擾。

使用兩個變數的版本比較好，理由有好幾個：

- 它可以將兩個不相關的概念（ID 與序號）分開。
- 它可讓你使用較具體的變數名稱。
- 它可改善型態推斷，不需要使用型態註記。
- 它可產生較簡單的型態（`string` 與 `number`，而非 `string|number`）。
- 它可讓你用 `const` 而非 `let` 宣告變數，讓人類與型態檢查器更容易理解。

盡量不要改變變數的型態。用不同的名稱來代表不同的概念可以讓程式更清楚，無論是對人類而言，或是型態檢查器而言。

請勿將它與「shadowed（屏蔽）」變數混為一談了，就像這個例子：

```
const id = "12-34-56";
fetchProduct(id);

{
  const id = 123456;  // OK
  fetchProductBySerialNumber(id);  // OK
}
```

雖然這兩個 `id` 有相同的名稱，但它們其實是兩個不同的變數，彼此沒有任何關係。它們有不同的型態是沒問題的。雖然 TypeScript 不會分不清楚它們，但人類讀者可能會。讓不同的概念使用不同的名稱通常都是比較好的做法。許多團隊都會用 linter 規則來禁止這種屏蔽。

這一個項目的重點是純量（scalar）值，但類似的觀點也適用於物件，詳情見項目 23。

請記住

- 雖然變數的值可以改變，但它的型態通常不行。
- 為了避免混淆，無論是對人類讀者或是型態檢查器而言，不要使用同一個變數來代表不同型態的值。

項目 21：瞭解型態加寬

項目 7 說過，在執行期，每一個變數都有一個值。但是在靜態分析期，當 TypeScript 檢查你的程式時，一個變數有一組**可能的**值，也就是它的型態。當你用常數來設定變數的初始值，並且不提供型態時，型態檢查器就需要決定一個型態，換句話說，它必須用你指定的一個值來決定一組可能的值。在 TypeScript 中，這種程序稱為**加寬**（*widening*）。認識它可協助你瞭解錯誤，並且更有效地使用型態註記。

假設你要寫一個程式庫來處理向量，你為 3D 向量寫了一個型態，也寫了一個函式來取得型態的元件的值：

```
interface Vector3 { x: number; y: number; z: number; }
function getComponent(vector: Vector3, axis: 'x' | 'y' | 'z') {
  return vector[axis];
}
```

但是當你試著使用它時，TypeScript 指出錯誤：

```
let x = 'x';
let vec = {x: 10, y: 20, z: 30};
getComponent(vec, x);
               // ~  'string' 型態的引數不能指派給
               //    '"x" | "y" | "z"' 型態的參數
```

這段程式可以執行，為什麼有錯？

問題在於，x 的型態被推斷為 string，而 getComponent 的第二個引數期望收到比較具體的型態，這個錯誤是加寬造成的。

這個程序的模糊之處在於任何值都可能是很多種型態之一。例如，在這個陳述式中：

```
const mixed = ['x', 1];
```

mixed 的型態是什麼？它可能是：

- ('x' | 1)[]
- ['x', 1]
- [string, number]
- readonly [string, number]
- (string|number)[]

- readonly (string|number)[]
- [any, any]
- any[]

如果沒有更多背景可供參考，TypeScript 就無法知道哪一個是「對的」。它必須猜測你的意圖（在這個例子中，它猜測 (string|number)[]）。儘管 TypeScript 很聰明，但它沒有讀心術，無法每次都猜對，所以會發生剛才的那種疏忽的錯誤。

在第一個例子中，x 的型態被推斷為 string，因為 TypeScript 允許這種程式：

```
let x = 'x';
x = 'a';
x = 'Four score and seven years ago...';
```

但這樣寫也是有效的 JavaScript：

```
let x = 'x';
x = /x|y|z/;
x = ['x', 'y', 'z'];
```

在推斷 x 的型態是 string 時，TypeScript 試著在具體性與靈活性之間取得平衡。通常變數的型態不應該在它被宣告之後改變（項目 20），所以 string 比 string|RegExp 或 string|string[] 或 any 合理多了。

TypeScript 提供了一些方式來讓你可以控制加寬程序，其中一種是 const。如果你用 const 來宣告變數，而不是使用 let，它就會得到較窄的型態。事實上，使用 const 可修正原始範例的錯誤：

```
const x = 'x';  // 型態是 "x"
let vec = {x: 10, y: 20, z: 30};
getComponent(vec, x);  // OK
```

因為 x 不能被再次賦值，所以 TypeScript 推斷出較窄的型態，並且不會在後續的賦值中無意間指出錯誤。而且因為字串常值型態 "x" 可以指派給 "x"|"y"|"z"，程式可通過型態檢查。

但是 const 不是萬靈丹。物件與陣列的界限仍然很模糊。前面的 mixed 例子指出陣列的問題：TypeScript 應該推斷出 tuple 型態嗎？它應該為元素推斷出什麼型態？類似的問題也會在物件出現。這段程式在 JavaScript 裡面沒有問題：

```
const v = {
  x: 1,
};
v.x = 3;
v.x = '3';
v.y = 4;
v.name = 'Pythagoras';
```

v 的型態可能被推斷為具體性頻譜之中的任何一個位置，這個頻譜最具體的一端是 {readonly x: 1}，比較籠統的是 {x: number}。更籠統的是 {[key: string]: number} 或 object。對物件而言，TypeScript 的加寬演算法認為各個元素是用 let 來指派的，所以 v 的型態是 {x: number}，這可讓你將 v.x 指派給不同的數字，但不能指派給 string。它也可以防止你加入其他的屬性（這是一次建立所有物件的好理由，見項目 23 的說明）。

所以後面的三個陳述式有錯誤：

```
 const v = {
   x: 1,
 };
 v.x = 3;  // OK
 v.x = '3';
// ~ '"3"' 型態不能指派給 'number' 型態
 v.y = 4;
// ~ '{ x: number; }' 型態裡面沒有 'y' 屬性
 v.name = 'Pythagoras';
// ~~~~ '{ x: number; }' 型態裡面沒有 'name' 屬性
```

同樣的，TypeScript 會試著在具體性與靈活性之間取得平衡。它希望能推斷出夠具體的型態來抓到錯誤，但也不能具體到產生偽陽性（false positive）。所以它為一個初始值被設為 1 的屬性推斷出 number 型態。

有一些做法可以覆寫 TypeScript 的預設行為。其中一種是提供明確的型態註記：

```
const v: {x: 1|3|5} = {
  x: 1,
};  // 型態是 { x: 1 | 3 | 5; }
```

另一種做法是提供額外的背景給型態檢查器（例如，用函式的參數來傳值）。項目 26 將進一步介紹背景在型態推斷時發揮的作用。

第三種方式是使用 `const` 斷言。不要將它與 `let` 還有在值空間中加入 symbol 的 `const` 混為一談。它純粹是型態層級的結構。看一下 TypeScript 為這些變數推斷出來的型態：

```
const v1 = {
  x: 1,
  y: 2,
};  // 型態是 { x: number; y: number; }

const v2 = {
  x: 1 as const,
  y: 2,
};  // 型態是 { x: 1; y: number; }

const v3 = {
  x: 1,
  y: 2,
} as const;  // 型態是 { readonly x: 1; readonly y: 2; }
```

當你在值的後面使用 `as const` 時，TypeScript 會推斷出最窄的型態，不會加寬。如果它是真正的常數，這通常是你要的結果。你也可以對著陣列使用 `as const` 來推斷出 tuple 型態：

```
const a1 = [1, 2, 3];  // 型態是 number[]
const a2 = [1, 2, 3] as const;  // 型態是 readonly [1, 2, 3]
```

如果你認為有不正確的錯誤訊息是加寬造成的，你可以加入一些明確的型態註記，或 `const` 斷言。在編輯器中查看型態可以幫助你培養直覺（見項目 6）。

請記住

- 瞭解 TypeScript 如何藉著將常數加寬來推斷它的型態。
- 熟悉可以影響這種行為的手段：`const`、型態註記、背景，以及 `as const`。

項目 22：瞭解型態窄化

加寬的相反是窄化。窄化是 TypeScript 將寬型態變成窄型態的程序，null 檢查應該是最常見的例子：

```
const el = document.getElementById('foo'); // 型態是 HTMLElement | null
if (el) {
```

```
  el // 型態是 HTMLElement
  el.innerHTML = 'Party Time'.blink();
} else {
  el // 型態是 null
  alert('No element #foo');
}
```

如果 el 是 null，第一個分支的程式就不會執行。所以 TypeScript 在這個區塊中可以將 null 排除在型態聯集之外，產生較窄且更容易使用的型態。型態檢查器通常很擅長在這種條件式中窄化型態，只不過它有時會被 aliasing（項目 24）阻礙。

你也可以藉著在分支 throw 或 return 來為區域其餘的部分窄化變數型態。例如：

```
const el = document.getElementById('foo'); // 型態是 HTMLElement | null
if (!el) throw new Error('Unable to find #foo');
el; // 現在型態是 HTMLElement
el.innerHTML = 'Party Time'.blink();
```

窄化型態的方式有很多種，例如使用 instanceof：

```
function contains(text: string, search: string|RegExp) {
  if (search instanceof RegExp) {
    search  // 型態是 RegExp
    return !!search.exec(text);
  }
  search  // 型態是 string
  return text.includes(search);
}
```

使用屬性檢查也行：

```
interface A { a: number }
interface B { b: number }
function pickAB(ab: A | B) {
  if ('a' in ab) {
    ab // 型態是 A
  } else {
    ab // 型態是 B
  }
  ab // 型態是 A | B
}
```

有些內建函式也可以窄化型態，例如 Array.isArray：

```
function contains(text: string, terms: string|string[]) {
  const termList = Array.isArray(terms) ? terms : [terms];
  termList // 型態是 string[]
  // ...
}
```

TypeScript 通常很擅長用條件式來追蹤型態。在加入斷言之前請三思一你可能用錯地方了！例如，若要將 null 排除在聯集型態之外，這是不對的做法：

```
const el = document.getElementById('foo'); // 型態是 HTMLElement | null
if (typeof el === 'object') {
  el;  // 型態是 HTMLElement | null
}
```

因為在 JavaScript 裡面，typeof null 是 "object"，所以你無法用這項檢查排除 null！否定基本型態值也會產生類似的意外：

```
function foo(x?: number|string|null) {
  if (!x) {
    x;  // 型態是 string | number | null | undefined
  }
}
```

因為空字串與 0 都是 false，在那個分支裡面的 x 仍然可能是 string 或 number。TypeScript 是對的！

另一種協助型態檢查器窄化型態的做法是幫它們加上明確的「標籤」：

```
interface UploadEvent { type: 'upload'; filename: string; contents: string }
interface DownloadEvent { type: 'download'; filename: string; }
type AppEvent = UploadEvent | DownloadEvent;

function handleEvent(e: AppEvent) {
  switch (e.type) {
    case 'download':
      e  // 型態是 DownloadEvent
      break;
    case 'upload':
      e;  // 型態是 UploadEvent
      break;
  }
}
```

這個模式稱為「tagged union」或「discriminated union」，在 TypeScript 中很常見。

如果 TypeScript 無法認出型態，你甚至可以加入自訂的函式來協助它：

```
function isInputElement(el: HTMLElement): el is HTMLInputElement {
  return 'value' in el;
}

function getElementContent(el: HTMLElement) {
  if (isInputElement(el)) {
    el; // 型態是 HTMLInputElement
    return el.value;
  }
  el; // 型態是 HTMLElement
  return el.textContent;
}
```

這種做法稱為「user-defined type guard（使用者定義的型態守衛）」。`el is HTMLInputElement` 回傳型態可以讓型態檢查器知道：當函式回傳 true 時，它就可以窄化參數的型態。

有些函式可以使用 type guard 來為許多陣列或物件執行型態窄化。例如，當你在陣列中尋找東西之後，你可能會得到一個 nullable 型態的陣列：

```
const jackson5 = ['Jackie', 'Tito', 'Jermaine', 'Marlon', 'Michael'];
const members = ['Janet', 'Michael'].map(
  who => jackson5.find(n => n === who)
);  // 型態是 (string | undefined)[]
```

當你用 `filter` 篩出 `undefined` 值時，TypeScript 無法跟上：

```
const members = ['Janet', 'Michael'].map(
  who => jackson5.find(n => n === who)
).filter(who => who !== undefined);  // 型態是 (string | undefined)[]
```

但當你使用 type guard 時，它可以：

```
function isDefined<T>(x: T | undefined): x is T {
  return x !== undefined;
}
const members = ['Janet', 'Michael'].map(
  who => jackson5.find(n => n === who)
).filter(isDefined);  // 型態是 string[]
```

再次強調，在編輯器裡面觀察型態，是瞭解窄化機制如何運作的關鍵。

瞭解型態在 TypeScript 裡面如何窄化可協助你瞭解型態推斷如何運作，理解錯誤訊息，而且通常可以讓型態檢查器的效率更好。

請記住

- 瞭解 TypeScript 如何根據條件式和其他控制流程來窄化型態。
- 使用 tagged/discriminated 聯集和 user-defined type guard 來協助窄化程序。

項目 23：一次建立物件

項目 20 說過，雖然變數的值可能改變，但它在 TypeScript 的型態通常不變，相較於 JavaScript 的其他模式，這件事讓 TypeScript 更容易模擬它的某些模式。更明確地說，這代表你應該盡量一次建立整個物件，而不是一部分一部分地建立它們。

下面的範例是在 JavaScript 中建立一個代表二維點物件的做法：

```
const pt = {};
pt.x = 3;
pt.y = 4;
```

在 TypeScript 中，這種做法會在每一次賦值的時候產生錯誤：

```
const pt = {};
pt.x = 3;
// ~ '{}' 型態沒有 'x' 屬性
pt.y = 4;
// ~ '{}' 型態沒有 'y' 屬性
```

原因是 TypeScript 會根據第一行的 `pt` 的值 `{}` 來推斷它的型態，但你只能對已知的屬性進行賦值。

定義 `Point` interface 時會產生相反的問題：

```
interface Point { x: number; y: number; }
const pt: Point = {};
   // ~~ '{}' 型態沒有 'Point' 型態的這些屬性：x, y
pt.x = 3;
pt.y = 4;
```

解決的辦法是一次定義整個物件：

```
const pt = {
  x: 3,
  y: 4,
};  // OK
```

如果你必須慢慢地建立物件，你可以使用型態斷言（as）來讓型態檢查器保持沉默：

```
const pt = {} as Point;
pt.x = 3;
pt.y = 4;  // OK
```

但比較好的做法是一次建立整個物件，並使用宣告式（見項目 9）：

```
const pt:Point = {
  x: 3,
  y: 4,
};
```

如果你確實需要用較小的物件來建立較大的物件，不要用許多步驟來完成這項工作：

```
const pt = {x: 3, y: 4};
const id = {name: 'Pythagoras'};
const namedPoint = {};
Object.assign(namedPoint, pt, id);
namedPoint.name;
        // ~~~~ '{}' 型態沒有 'name' 屬性
```

你可以使用**物件展開運算子**（...）來一次性地建立較大的物件：

```
const namedPoint = {...pt, ...id};
namedPoint.name;  // OK，型態是 string
```

你也可以使用物件展開運算子以型態安全的方式逐欄位建立物件。重點是在每次修改時都使用新變數，讓每一個變數都有新的型態：

```
const pt0 = {};
const pt1 = {...pt0, x: 3};
const pt: Point = {...pt1, y: 4};  // OK
```

雖然這種做法對這個簡單的物件來說是多餘的，但是如果你想要幫物件加入屬性，並且讓 TypeScript 可以推斷新型態，這是一種很實用的技術。

若要以型態安全的方式，有條件地加入一個屬性，你可以使用物件展開及 `null` 或 `{}`，它不會加入屬性：

```
declare let hasMiddle: boolean;
const firstLast = {first: 'Harry', last: 'Truman'};
const president = {...firstLast, ...(hasMiddle ? {middle: 'S'} : {})};
```

當你在編輯器內將游標移到 `president` 時，你會看到它的型態被推斷為 union：

```
const president: {
    middle: string;
    first: string;
    last: string;
} | {
    first: string;
    last: string;
}
```

如果你想要將 `middle` 設為選用欄位，這種做法可能會讓你出乎意外，例如，你無法從這個型態讀取 `middle`：

```
president.middle
       // ~~~~~~ 這個型態沒有 'middle' 屬性
       //        '{ first: string; last: string; }'
```

如果你有條件地加入多個屬性，連結可以較精確地表示可能的值的集合（項目 32）。但是選用的欄位比較容易使用。你可以用輔助函式（helper）取得一個：

```
function addOptional<T extends object, U extends object>(
  a: T, b: U | null
):T & Partial<U> {
  return {...a, ...b};
}

const president = addOptional(firstLast, hasMiddle ? {middle: 'S'} : null);
president.middle  // OK，型態是 string | undefined
```

有時你想要藉著轉換一個物件或陣列來建立另一個物件，此時，「一次建立整個物件」的等效做法是使用內建的泛函結構，或 Lodash 等工具程式庫，而非使用迴圈。詳情見項目 27。

請記住

- 盡量一次建立整個物件，而非逐漸建立它。使用物件展開（`{...a, ...b}`）型態安全地加入屬性。
- 知道如何有條件地將屬性加入物件。

項目 24：使用一致的別名

當你為值加上新名稱時：

```
const borough = {name: 'Brooklyn', location: [40.688, -73.979]};
const loc = borough.location;
```

你就建立一個*別名*（*alias*）了。當別名的屬性被更改時，你也可以在原始值看到這項改變：

```
> loc[0] = 0;
> borough.location
[0, -73.979]
```

別名是所有語言編譯器作者避之唯恐不及的東西，因為它會令人難以分析控制流程。謹慎地使用別名可讓 TypeScript 更瞭解你的程式碼，並且協助你找出更正確的錯誤。

假如你有個代表多邊形的資料結構：

```
interface Coordinate {
  x: number;
  y: number;
}

interface BoundingBox {
  x: [number, number];
  y: [number, number];
}

interface Polygon {
  exterior: Coordinate[];
  holes: Coordinate[][];
  bbox?: BoundingBox;
}
```

多邊形的形狀是用 exterior 與 holes 屬性來設定的。bbox 是個優化屬性，可能存在，也可能不存在，它可以讓你快速地檢查一個點是否在多邊形裡面：

```
function isPointInPolygon(polygon: Polygon, pt: Coordinate) {
  if (polygon.bbox) {
    if (pt.x < polygon.bbox.x[0] || pt.x > polygon.bbox.x[1] ||
        pt.y < polygon.bbox.y[1] || pt.y > polygon.bbox.y[1]) {
      return false;
    }
  }

  // … 其他複雜的檢查
}
```

這段程式可以動作（並且通過型態檢查），但是它有一些重複的地方：polygon.bbox 在三行程式中出現五次之多！所以我們將它變成一個中間變數來減少重複：

```
function isPointInPolygon(polygon: Polygon, pt: Coordinate) {
  const box = polygon.bbox;
  if (polygon.bbox) {
    if (pt.x < box.x[0] || pt.x > box.x[1] ||
        //     ~~~                ~~~  物件可能是 'undefined'
        pt.y < box.y[1] || pt.y > box.y[1]) {
        //     ~~~                ~~~  物件可能是 'undefined'
      return false;
    }
  }
  // ...
}
```

（假設你已經啟用 strictNullChecks。）

這段程式仍然可以正常運作，那為什麼有錯誤訊息？提出 box 變數之後，你已經為 polygon.bbox 建立一個別名了，這會防礙在第一個例子中默默運作的控制流程分析。

你可以查看 box 與 polygon.bbox 的型態來瞭解真相：

```
function isPointInPolygon(polygon: Polygon, pt: Coordinate) {
  polygon.bbox  // 型態是 BoundingBox | undefined
  const box = polygon.bbox;
  box  // 型態是 BoundingBox | undefined
  if (polygon.bbox) {
    polygon.bbox  // 型態是 BoundingBox
    box  // 型態是 BoundingBox | undefined
```

```
  }
}
```

屬性檢查細化了 polygon.bbox 的型態，但是不影響 box，所以產生錯誤，由此可知使用別名的黃金規則：**當你加入別名時，應該一致地使用它**。

我們可以在屬性檢查中使用 box 來修正錯誤：

```
function isPointInPolygon(polygon: Polygon, pt: Coordinate) {
  const box = polygon.bbox;
  if (box) {
    if (pt.x < box.x[0] || pt.x > box.x[1] ||
        pt.y < box.y[1] || pt.y > box.y[1]) {  // OK
      return false;
    }
  }
  // ...
}
```

現在型態檢查器開心了，但是對人類讀者而言，有一個問題。我們用兩個名稱（box 與 bbox）來代表同一個東西。這種情況稱為「無差異的區別」（a distinction without a difference，項目 36）。

物件解構語法以更紮實的語法來支援一致的名稱。你甚至可以將它用在陣列與嵌套結構上：

```
function isPointInPolygon(polygon: Polygon, pt: Coordinate) {
  const {bbox} = polygon;
  if (bbox) {
    const {x, y} = bbox;
    if (pt.x < x[0] || pt.x > x[1] ||
        pt.y < x[0] || pt.y > y[1]) {
      return false;
    }
  }
  // ...
}
```

以下是其他的重點：

- 如果 x 與 y 屬性是選用的，而不是 bbox 屬性，這段程式需要做更多屬性檢查。我們會因為遵守項目 31 的建議而得到好處，那一個項目討論將 null 值推至型態邊緣的重要性。

- bbox 適合當成選用屬性，但 holes 不適合。如果 holes 是選用的，它就有可能遺缺，或成為空陣列（[]）。這將是無差異的區別。空陣列很適合用來代表「無洞（no holes）」。

當你和型態檢查器互動時，別忘了別名在執行期也會造成混淆：

```
const {bbox} = polygon;
if (!bbox) {
  calculatePolygonBbox(polygon);  // 填入 polygon.bbox
  // 現在 polygon.bbox 與 bbox 代表不同的值了！
}
```

TypeScript 的控制流程分析比較擅長處理區域變數。但是你必須謹慎地處理屬性：

```
function fn(p: Polygon) { /* ... */ }

polygon.bbox  // 型態是 BoundingBox | undefined
if (polygon.bbox) {
  polygon.bbox  // 型態是 BoundingBox
  fn(polygon);
  polygon.bbox  // 型態仍然是 BoundingBox
}
```

呼叫 fn(polygon) 會移除 polygon.bbox 的設定，所以將型態恢復成 BoundingBox | undefined 比較安全。但是這樣做可能會讓你備感挫折，因為每當你呼叫函式時，你就要重複檢查屬性。所以 TypeScript 做了一個務實的選擇，假定函式不會讓它的型態細化失效。但它**有可能**失效。如果你提出區域變數 bbox，而不是使用 polygon.bbox，bbox 的型態將維持精確，但它的值可能再也不會與 polygon.box 一樣了。

請記住

- 使用別名會阻止 TypeScript 窄化型態。如果你為變數建立別名，請一致地使用它。
- 使用解構語法來促進一致的命名。
- 注意呼叫函式可能讓屬性的型態細化失效。不要像信任區域變數的細化那樣信任屬性的細化。

項目 25：用 async 函式來編寫非同步程式，不要使用回呼

典型的 JavaScript 使用回呼來模擬非同步行為，這會導致臭名昭著的「厄運金字塔」：

```
fetchURL(url1, function(response1) {
  fetchURL(url2, function(response2) {
    fetchURL(url3, function(response3) {
      // ...
      console.log(1);
    });
    console.log(2);
  });
  console.log(3);
});
console.log(4);
// Logs:
// 4
// 3
// 2
// 1
```

你可以從 log 看到，它的執行順序與程式碼的順序相反，令人難以理解回呼程式碼。當你想要平行執行請求，或是在錯誤發生時撤銷動作，它更是令人費解。

為了拆除厄運金字塔，ES2015 加入了 Promise 的概念，Promise 代表某一種未來可取得的東西（有時稱為「期貨（future）」）。這是使用 Promise 的同一段程式：

```
const page1Promise = fetch(url1);
page1Promise.then(response1 => {
  return fetch(url2);
}).then(response2 => {
  return fetch(url3);
}).then(response3 => {
  // ...
}).catch(error => {
  // ...
});
```

它讓嵌套結構變少了，而且它的執行順序與程式碼順序比較相符。你也更容易處理錯誤，和使用 `Promise.all` 之類的高級工具。

ES2017 加入 async 與 await 關鍵字來進一步簡化工作：

```
async function fetchPages() {
  const response1 = await fetch(url1);
  const response2 = await fetch(url2);
  const response3 = await fetch(url3);
  // ...
}
```

await 關鍵字會暫停 fetchPages 函式的執行，直到各個 Promise 都被處理為止，在 async 函式中 await（等待）丟出例外的 Promise。它可以讓你使用常見的 try/catch 機制：

```
async function fetchPages() {
  try {
    const response1 = await fetch(url1);
    const response2 = await fetch(url2);
    const response3 = await fetch(url3);
    // ...
  } catch (e) {
    // ...
  }
}
```

當你使用 ES5 或之前的版本，TypeScript 編譯器會執行一些精密的轉換，來讓 async 與 await 生效。換句話說，無論你的 runtime 是什麼，你在 TypeScript 裡面都可以使用 async/await。

使用 Promise 或 async/await 而不要使用回呼有幾個理由：

- Promise 比回呼更容易編寫。
- 比起回呼，型態可以更輕鬆地流經 Promise。

例如，如果你要平行抓取網頁，你可以使用 Promise.all：

```
async function fetchPages() {
  const [response1, response2, response3] = await Promise.all([
    fetch(url1), fetch(url2), fetch(url3)
  ]);
  // ...
}
```

這種情況特別適合同時使用 await 和解構賦值。

TypeScript 能夠推斷三個 response 變數的型態都是 Response。如果你使用回呼來進行平行請求，你將使用更多機制與型態註記：

```
function fetchPagesCB() {
  let numDone = 0;
  const responses: string[] = [];
  const done = () => {
    const [response1, response2, response3] = responses;
    // ...
  };
  const urls = [url1, url2, url3];
  urls.forEach((url, i) => {
    fetchURL(url, r => {
      responses[i] = url;
      numDone++;
      if (numDone === urls.length) done();
    });
  });
}
```

加入錯誤處理或是讓它像 Promise.all 那樣通用都是艱鉅的挑戰。

型態推斷也可以很好地處理 Promise.race，它會在它的第一個輸入 Promise resolve 的時候 resolve。你可以用它為 Promise 加入 timeout。

```
function timeout(millis: number): Promise<never> {
  return new Promise((resolve, reject) => {
    setTimeout(() => reject('timeout'), millis);
  });
}

async function fetchWithTimeout(url: string, ms: number) {
  return Promise.race([fetch(url), timeout(ms)]);
}
```

fetchWithTimeout 的回傳型態會被推斷為 Promise<Response>，不需要使用型態註記。它的運作方式很有趣：Promise.race 的回傳型態是它的輸入型態的聯集，即 Promise<Response | never>。但是接收一個 never（空集合）型態的聯集是 no-op（無操作），所以它被簡化成 Promise<Response>。當你使用 Promise 時，TypeScript 的型態推斷機制會為你提供正確的型態。

有時你需要使用原始的 Promise，特別是在包裝 setTimeout 這類的回呼 API 時。但如果你可以選擇，通常應該使用 async/await 而不是原始 Promise，原因有二：

- 它通常可以產生比較簡潔且易懂的程式碼。
- 它可以強迫 async 函式永遠回傳 Promise。

async 函式一定會回傳 Promise，即使它會不等待任何東西。TypeScript 可以協助你培養對於這件事情的直覺：

```
// function getNumber(): Promise<number>
async function getNumber() {
  return 42;
}
```

你也可以建立 async 箭頭函式：

```
const getNumber = async () => 42;  // 型態是 () => Promise<number>
```

它等效的原始 Promise 是：

```
const getNumber = () => Promise.resolve(42);  // 型態是 () => Promise<number>
```

為一個立即可以取得的值回傳 Promise 或許有點奇怪，但它其實有助於實施一條重要的規則：函式必須總是同步執行，或總是非同步執行，兩者絕對不能混在一起。例如，如果你想要在 fetchURL 函式加入快取該怎麼做？有一種做法是：

```
// 別這樣做！
const _cache: {[url: string]: string} = {};
function fetchWithCache(url: string, callback: (text: string) => void) {
  if (url in _cache) {
    callback(_cache[url]);
  } else {
    fetchURL(url, text => {
      _cache[url] = text;
      callback(text);
    });
  }
}
```

雖然程式乍看之下很好，但是對使用者而言，這個函式很難使用：

```
let requestStatus: 'loading' | 'success' | 'error';
function getUser(userId: string) {
  fetchWithCache(`/user/${userId}`, profile => {
    requestStatus = 'success';
  });
```

```
    requestStatus = 'loading';
  }
```

當你呼叫 getUser 之後，requestStatus 的值是什麼？這完全取決於 profile 有沒有被快取，如果沒有，requestStatus 會被設為「success」。如果有，它仍然會被設為「success」，接著設回「loading」。咦！

對這兩個函式使用 async 可強迫它們有一致的行為：

```
const _cache: {[url: string]: string} = {};
async function fetchWithCache(url: string) {
  if (url in _cache) {
    return _cache[url];
  }
  const response = await fetch(url);
  const text = await response.text();
  _cache[url] = text;
  return text;
}

let requestStatus: 'loading' | 'success' | 'error';
async function getUser(userId: string) {
  requestStatus = 'loading';
  const profile = await fetchWithCache(`/user/${userId}`);
  requestStatus = 'success';
}
```

現在可以清楚地看到 requestStatus 最後將是「success」。使用回呼或原始 Promise 很容易不小心產生半同步的程式，但使用 async 很難如此。

注意，當你從 async 函式回傳 Promise 時，它不會被包在另一個 Promise 裡面：回傳型態將是 Promise<T>，不是 Promise<Promise<T>>。同樣的，TypeScript 可以協助你培養這方面的直覺：

```
// Function getJSON(url: string): Promise<any>
async function getJSON(url: string) {
  const response = await fetch(url);
  const jsonPromise = response.json();  // 型態是 Promise<any>
  return jsonPromise;
}
```

請記住

- 優先使用 Promise 而非回呼，以取得更好的組合性與型態流程。
- 盡量優先使用 async 與 await，而非原始 Promise。它們都可產生更簡潔、直觀的程式碼，並且消除所有錯誤。
- 如果函式回傳 Promise，將它宣告為 async。

項目 26：瞭解型態推斷如何使用背景

TypeScript 不只用值來推斷型態，它也會考慮值的背景。這種做法通常有不錯的效果，但有時會導致意外。瞭解 TypeScript 推斷型態時如何使用背景，可協助你在意外發生時認出並處理它們。

在 JavaScript 中，你可以從表達式提出常數並且不改變程式碼的行為（只要不改變執行順序）。換句話說，這兩個陳述式是等效的：

```
// 行內形式
setLanguage('JavaScript');

// 參考形式
let language = 'JavaScript';
setLanguage(language);
```

在 TypeScript 也可以進行這種重構：

```
function setLanguage(language: string) { /* ... */ }

setLanguage('JavaScript');  // OK

let language = 'JavaScript';
setLanguage(language);  // OK
```

假如你牢記項目 33 的建議，將 string 形態換成比較精確的字串常值型態聯集：

```
type Language = 'JavaScript' | 'TypeScript' | 'Python';
function setLanguage(language: Language) { /* ... */ }

setLanguage('JavaScript');  // OK
```

```
let language = 'JavaScript';
setLanguage(language);
         // ~~~~~~~~ 'string' 型態的引數不能指派給
         //          'Language' 型態的參數
```

哪裡錯了？使用行內形式時，TypeScript 可以從函式宣告式知道參數是 Language 型態。字串常值 'JavaScript' 可以指派給這個型態，所以這段程式 OK。但是當你提出一個變數時，TypeScript 就必須在賦值時推斷它的型態。在這個例子中，它推斷出 string，這個型態無法指派給 Language，因此產生錯誤。

（有些語言能夠根據型態的最終用途來推斷它們的型態。但是這種做法也可能造成困惑。TypeScript 的作者 Anders Hejlsberg 將它稱為「spooky action at a distance（遠處的鬼祟動作）」。總的來說，TypeScript 會在變數初次出現時決定它的型態。項目 41 將介紹這條規則的一種值得注意的例外。）

解決這個問題的方法有兩種。一個是用型態宣告式來限制 language 的值：

```
let language: Language = 'JavaScript';
setLanguage(language);  // OK
```

它的另一個好處是可以在 language 有拼寫錯誤時指出錯誤，例如 'Typescript'（應該使用大寫的「S」）。

另一種辦法是讓變數成為 const：

```
const language = 'JavaScript';
setLanguage(language);  // OK
```

我們用 const 告訴型態檢查器這個變數不能改變。所以 TypeScript 可以更精確地推斷 language 的型態，也就是字串常值型態 "JavaScript"。它可指派給 Language，所以通過型態檢查。當然，如果你需要重新賦值給 language，你就要用型態宣告式（詳情見項目 21）。

這個例子的問題的根源在於我們將值與使用它時的背景分開了。有時這種做法沒問題，但通常不是如此。本項目接下來的部分將會介紹一些因為缺乏背景而造成錯誤的案例，並告訴你如何修正它們。

tuple 型態

除了字串常值型態之外，tuple 型態也會產生問題。假如你正在編寫一個地圖視覺化程式，可讓你用程式來平移地圖：

```
// 參數是（經度 , 緯度）。
function panTo(where: [number, number]) { /* ... */ }

panTo([10, 20]);  // OK

const loc = [10, 20];
panTo(loc);
//    ~~~ 'number[]' 型態的引數不能指派給
//        '[number, number]' 型態的參數
```

與之前一樣，你已經將值和它的背景分開了。在第一個實例中，[10, 20] 可以指派給 tuple 型態 [number, number]。在第二個，TypeScript 推斷 loc 的型態是 number[]（也就是長度未知的數字陣列）。它不能指派給 tuple 型態，因為有很多陣列的元素數量都是錯的。

那麼，如何在不使用 any 的情況下修正這個錯誤？你已經將它宣告成 const 了，所以沒有幫助。但是你仍然可以用型態宣告式來讓 TypeScript 精確地知道你真正的意思：

```
const loc: [number, number] = [10, 20];
panTo(loc);  // OK
```

另一種做法是提供「const 背景」，告訴 TypeScript 你要讓值是深常數，不是 const 提供的淺常數：

```
const loc = [10, 20] as const;
panTo(loc);
   // ~~~  'readonly [10, 20]' 型態是 'readonly'
   //       無法指派給可變型態 '[number, number]'
```

如果你在編輯器裡面將游標移到 loc 上面，你會看到現在它的型態被推斷為 readonly [10, 20]，不是 number[]。遺憾的是，這太精確了！panTo 的型態簽章不保證它不會修改它的 where 參數的內容。因為 loc 參數的型態是 readonly，所以也不保證它不會改變。這裡的最佳做法是在 panTo 函式加入 readonly 註記：

```
function panTo(where: readonly [number, number]) { /* ... */ }
const loc = [10, 20] as const;
panTo(loc);  // OK
```

當你無法控制型態簽章時，你就要使用註記。

`const` 背景可以巧妙地解決在推斷時失去背景的問題，但是它們有個不幸的缺點：如果你在定義式中犯錯（假如你在 tuple 中加入第三個元素），錯誤訊息就會在呼叫方顯示，不是在定義的地方。這可能讓人一頭霧水，尤其是當錯誤訊息出現在嵌套多層的物件裡面時：

```
const loc = [10, 20, 30] as const;  // 其實是這裡有錯誤
panTo(loc);
//    ~~~ 'readonly [10, 20, 30]' 型態的引數不能指派給
//        'readonly [number, number]' 型態的參數
//        'length' 屬性的型態不相容
//        '3' 型態無法指派給型態 '2'
```

物件

當你從包含字串常值或 tuple 的大型物件中提出常數時，也會發生「將值和背景分開」造成的問題。例如：

```
type Language = 'JavaScript' | 'TypeScript' | 'Python';
interface GovernedLanguage {
  language: Language;
  organization: string;
}

function complain(language: GovernedLanguage) { /* ... */ }

complain({ language: 'TypeScript', organization: 'Microsoft' });  // OK

const ts = {
  language: 'TypeScript',
  organization: 'Microsoft',
};
complain(ts);
//       ~~ '{ language: string; organization: string; }' 型態的引數
//             不能指派給 'GovernedLanguage' 型態的參數
//          'language' 型態的屬性不相容
//             'string' 型態不能指派給 'Language' 型態
```

在 `ts` 物件裡面，`language` 的型態被推斷為 `string`。與之前一樣，解決的方法是加入型態宣告式（`const ts: GovernedLanguage = ...`）或是使用 const 斷言（`as const`）。

回呼

當你將回呼傳給另一個函式時，TypeScript 會使用背景來推斷回呼的參數型態：

```
function callWithRandomNumbers(fn: (n1: number, n2: number) => void) {
  fn(Math.random(), Math.random());
}

callWithRandomNumbers((a, b) => {
  a;  // 型態是 number
  b;  // 型態是 number
  console.log(a + b);
});
```

a 與 b 的型態被推斷為 number 的原因來自 callWithRandom 的型態宣告，當你將回呼提取為常數時，你就失去那個背景，並且會看到 noImplicitAny 錯誤：

```
const fn = (a, b) => {
         // ~    參數 'a' 是隱性的 'any' 型態
         // ~    參數 'b' 是隱性的 'any' 型態
  console.log(a + b);
}
callWithRandomNumbers(fn);
```

解決的手段是為參數加上型態註記：

```
const fn = (a: number, b: number) => {
  console.log(a + b);
}
callWithRandomNumbers(fn);
```

或是如果可行，對整個函式陳述式套用型態宣告。見項目 12。

請記住

- 留意 TypeScript 在推斷型態時如何使用背景。
- 如果提出變數會導致型態錯誤，考慮加入型態宣告。
- 如果變數真的是常數，使用 const 斷言（as const）。但是注意，它可能會導致錯誤在使用方出現，而不是在定義處。

項目 27：使用泛函結構與程式庫來協助型態流經程式

JavaScript 一向沒有可以在 Python、C 或 Java 領域看到的那種標準程式庫。多年來，許多程式庫都試著填補這個空白。jQuery 提供了 helper，它們不但可以和 DOM 互動，也可以迭代或對映物件與陣列。Underscore 把重心放在提供一般的工具函式，而 Lodash 則以它為基礎繼續發展。Ramda 等現代的程式庫繼續將泛函（functional）編程的概念帶到 JavaScript 的世界。

有些來自這些程式庫的功能，例如 `map`、`flatMap`、`filter` 與 `reduce`，都已融入 JavaScript 語言本身。雖然這些結構（與 Lodash 提供的其他結構）在 JavaScript 中都很實用，通常也比你親自編寫迴圈更好，但是當你在這個工具組合中加入 TypeScript 時，優勢更是明顯。這是因為它們的型態宣告可確保型態流經這些結構。當你親自編寫迴圈時，你就要自己負責處理型態。

例如，假設你要解析一些 CSV 資料。你可以用一般的 JavaScript 以命令式的風格編寫：

```
const csvData = "...";
const rawRows = csvData.split('\n');
const headers = rawRows[0].split(',');
const rows = rawRows.slice(1).map(rowStr => {
  const row = {};
  rowStr.split(',').forEach((val, j) => {
    row[headers[j]] = val;
  });
  return row;
});
```

比較有泛函精神的 JavaScript 寫手可能比較喜歡用 `reduce` 建立 row 物件：

```
const rows = rawRows.slice(1)
    .map(rowStr => rowStr.split(',').reduce(
        (row, val, i) => (row[headers[i]] = val, row),
        {}));
```

這個版本節省了三行程式（幾乎有 20 個非空格的字元！），但是應該有人認為它神秘難懂。Lodash 的 `zipObject` 函式藉著「壓縮」鍵與值陣列來組成物件，可以進一步縮短程式：

```
import _ from 'lodash';
const rows = rawRows.slice(1)
    .map(rowStr => _.zipObject(headers, rowStr.split(',')));
```

我覺得這是最簡潔的，但是為此在專案中加入第三方程式庫值得嗎？如果你沒有使用 bundler，而且這樣做的代價太高，答案應該是「不值得」。

當你在工具組合中加入 TypeScript 時，它就開始傾向支援 Lodash 解決方案。

兩種陽春的 JS 版 CSV 解析器都在 TypeScript 中產生同一種錯誤：

```
const rowsA = rawRows.slice(1).map(rowStr => {
  const row = {};
  rowStr.split(',').forEach((val, j) => {
    row[headers[j]] = val;
 // ~~~~~~~~~~~~~~~ 在 '{}' 型態裡面沒有
 //                 參數型態為 'string' 的索引簽章
  });
  return row;
});
const rowsB = rawRows.slice(1)
  .map(rowStr => rowStr.split(',').reduce(
      (row, val, i) => (row[headers[i]] = val, row),
                     // ~~~~~~~~~~~~~~~ 在 '{}' 型態裡面沒有
                     //                 參數型態為 'string' 的索引簽章
      {}));
```

這些案例的解決方案是提供 {} 的型態註記，無論是 {[column: string]: string} 還是 Record<string, string>。

另一方面，Lodash 版本不需要修改即可通過型態檢查：

```
const rows = rawRows.slice(1)
    .map(rowStr => _.zipObject(headers, rowStr.split(',')));
    // 型態是 _.Dictionary<string>[]
```

Dictionary 是 Lodash 型態別名。Dictionary<string> 與 {[key: string]: string} 或 Record<string, string> 一樣。重點是，rows 的型態是正確的，不需要型態註記。

當你的資料處理工作變得更複雜時，這些優點就更明顯。例如，假如你有一份所有 NBA 球隊的名單：

```
interface BasketballPlayer {
  name: string;
  team: string;
  salary: number;
```

```
}
declare const rosters: {[team: string]: BasketballPlayer[]};
```

若要使用迴圈來建立扁平的清單，你可能要對陣列使用 concat。這段程式可以執行，但是無法通過型態檢查：

```
let allPlayers = [];
 // ~~~~~~~~~~ 'allPlayers' 變數在某些無法確定型態的位置
 //            隱性地有 'any[]' 型態
for (const players of Object.values(rosters)) {
  allPlayers = allPlayers.concat(players);
           // ~~~~~~~~~~ 'allPlayers' 變數隱性地有 'any[]' 型態
}
```

為了修正錯誤，你必須為 allPlayers 加入型態註記：

```
let allPlayers: BasketballPlayer[] = [];
for (const players of Object.values(rosters)) {
  allPlayers = allPlayers.concat(players);  // OK
}
```

但是比較好的解決方案是使用 Array.prototype.flat：

```
const allPlayers = Object.values(rosters).flat();
// OK, type is BasketballPlayer[]
```

flat 方法可壓平一個多維陣列。它的型態簽章長得像 T[][] => T[]。這個版本是最簡潔的，而且不需要型態註記，它還有一個額外的好處：你可以使用 const 來取代 let，以防止 allPlayers 變數在未來意外變動。

假如你想要在一開始使用 allPlayers，並且想要製作一張表，按照薪資排序，列出每支球隊收入最高的球員。

以下是不使用 Lodash 的做法，它需要型態註記，無法使用泛函結構：

```
const teamToPlayers: {[team: string]: BasketballPlayer[]} = {};
for (const player of allPlayers) {
  const {team} = player;
  teamToPlayers[team] = teamToPlayers[team] || [];
  teamToPlayers[team].push(player);
}

for (const players of Object.values(teamToPlayers)) {
```

```
  players.sort((a, b) => b.salary - a.salary);
}

const bestPaid = Object.values(teamToPlayers).map(players => players[0]);
bestPaid.sort((playerA, playerB) => playerB.salary - playerA.salary);
console.log(bestPaid);
```

這是它的輸出：

```
[
  { team: 'GSW', salary: 37457154, name: 'Stephen Curry' },
  { team: 'HOU', salary: 35654150, name: 'Chris Paul' },
  { team: 'LAL', salary: 35654150, name: 'LeBron James' },
  { team: 'OKC', salary: 35654150, name: 'Russell Westbrook' },
  { team: 'DET', salary: 32088932, name: 'Blake Griffin' },
  ...
]
```

這是 Lodash 的等效做法：

```
const bestPaid = _(allPlayers)
  .groupBy(player => player.team)
  .mapValues(players => _.maxBy(players, p => p.salary)!)
  .values()
  .sortBy(p => -p.salary)
  .value()  // 型態是 BasketballPlayer[]
```

除了長度減半之外，這段程式也比較簡潔，而且只需要一個非 null 斷言（型態檢查器不知道傳給 `_.maxBy` 的 `players` 陣列不是空的）。它使用「鏈式結構」，這是一種 Lodash 與 Underscore 的概念，可讓你用比較自然的順序編寫一系列的操作。與其這樣寫：

```
_.a(_.b(_.c(v)))
```

你可以寫成：

```
_(v).a().b().c().value()
```

`_(v)`「包裝」值，而 `.value()` 將它「拆開」。

你可以檢視鏈中的每一個函式呼叫式，來查看被包裝的值的型態。它一定是正確的。

TypeScript 甚至可以精確地模擬 Lodash 的一些比較奇怪的簡寫。例如，為何要使用 `_.map` 而不是內建的 `Array.prototype.map`？其中一個原因是你可以傳入屬性的名稱，而不是傳入回呼。這些呼叫式都會產生相同的結果：

```
const namesA = allPlayers.map(player => player.name)  // 型態是 string[]
const namesB = _.map(allPlayers, player => player.name)  // 型態是 string[]
const namesC = _.map(allPlayers, 'name');  // 型態是 string[]
```

這證明了 TypeScript 有精密的型態系統，可以精確地模擬這種結構，但是它很自然地不屬於字串常值型態與索引型態的組合（見項目 14）。如果你用過 C++ 或 Java，可能會覺得這種型態推斷很神奇！

```
const salaries = _.map(allPlayers, 'salary');  // 型態是 number[]
const teams = _.map(allPlayers, 'team');  // 型態是 string[]
const mix = _.map(allPlayers, Math.random() < 0.5 ? 'name' : 'salary');
  // 型態是 (string | number)[]
```

型態可以這麼順利地流經內建的泛函結構，以及 Lodash 等程式庫的結構不是巧合，藉著避免意外變動，並且從每一個呼叫回傳新值，它們也都可以產生新型態（項目 20）。而且在很大程度上，正是因為有許多人試著精確地模擬坊間的 JavaScript 程式庫的行為，才會導致 TypeScript 的開發。請好好利用這些作品！

請記住

- 不要親自創造結構，而是應該使用內建的泛函結構，以及 Lodash 等工具程式庫的結構，來改善型態流、提升易讀性，並且盡量避免明確地使用型態註記。

第四章

型態設計

> 當你給我流程圖，卻把表格藏起來時，我仍然會搞不清楚狀況，但是如果你給我表格，我通常不需要你的流程圖，一切將顯而易見。
>
> —*Fred Brooks*，*The Mythical Man Month*

在 Fred Brooks 的引言已經過時了，但是他的看法仍然是正確的：如果你無法看到程式處理的資料或資料型態，你將難以理解那段程式。這正是型態系統的一大優點：藉著寫出型態，你可以讓程式的讀者看到它們，更容易瞭解你的程式。

其他的章節探討 TypeScript 型態的基本觀念：如何使用它們、推斷它們，以及用它們來進行宣告。本章將討論型態本身的設計。本章的範例都是在 TypeScript 的背景之下編寫的，但大多數的概念都可以廣泛地應用。

如果你正確地編寫型態，幸運的話，你的流程圖也會很明顯。

項目 28：盡量使用永遠代表有效狀態的型態

如果你正確地設計型態，程式寫起來應該很簡單。但如果你的型態設計不良，再多的聰明才智與註釋都救不了你。你的程式會難以理解且容易出錯。

有效地設計型態的關鍵，就是建立只代表有效狀態的型態。本項目將以一些範例來說明錯誤的做法，以及如何修正它們。

假如你要建立一個 web app 來選擇一個網頁、載入該網頁的內容，接著顯示它，你可能會寫出這種狀態：

```
interface State {
  pageText: string;
  isLoading: boolean;
  error?: string;
}
```

當你編寫程式來算繪網頁時，你必須考慮所有的欄位：

```
function renderPage(state: State) {
  if (state.error) {
    return `Error! Unable to load ${currentPage}: ${state.error}`;
  } else if (state.isLoading) {
    return `Loading ${currentPage}...`;
  }
  return `<h1>${currentPage}</h1>\n${state.pageText}`;
}
```

但是這樣寫對嗎？如果 isLoading 與 error 都被設定呢？這種情況代表什麼意思？顯示載入訊息比較好，還是顯示錯誤訊息？很難說！我們沒有足夠的資訊可判斷！

如果你要編寫 changePage 函式呢？有一種做法是：

```
async function changePage(state: State, newPage: string) {
  state.isLoading = true;
  try {
    const response = await fetch(getUrlForPage(newPage));
    if (!response.ok) {
      throw new Error(`Unable to load ${newPage}: ${response.statusText}`);
    }
    const text = await response.text();
    state.isLoading = false;
    state.pageText = text;
  } catch (e) {
    state.error = '' + e;
  }
}
```

它有很多問題！包括：

- 我們忘了在 error 時將 state.isLoading 設為 false。
- 我們沒有清除 state.error，所以如果上一個請求失敗了，你將繼續看到錯誤訊息，而不是看到載入訊息。

• 如果使用者在網頁正在載入時，再次改變網頁，沒人知道會發生什麼事。他們可能會看到新網頁，接著看到錯誤，也有可能看到第一個網頁，但看不到第二個，取決於收到回應的順序。

問題在於 state 包含的資訊太少了（哪一個請求失敗了？哪一個正在載入），也太多了：`State` 狀態允許 `isLoading` 與 `error` 同時被設定，即使這代表無效的狀態。這會讓 `render()` 與 `changePage()` 根本不能正確實作。

這是比較好的 app 狀態表示方式：

```
interface RequestPending {
  state: 'pending';
}
interface RequestError {
  state: 'error';
  error: string;
}
interface RequestSuccess {
  state: 'ok';
  pageText: string;
}
type RequestState = RequestPending | RequestError | RequestSuccess;

interface State {
  currentPage: string;
  requests: {[page: string]: RequestState};
}
```

它使用 tagged union（也稱為「discriminated union」）來明確地模擬網路請求可能出現的各種狀態。雖然這個版本的長度是三至四倍，但是不容許無效狀態的存在有很大的好處。因為你明確地模擬目前的網頁，以及你發出的每一個請求的狀態了，因此，`renderPage` 與 `changePage` 函式都很容易實作：

```
function renderPage(state: State) {
  const {currentPage} = state;
  const requestState = state.requests[currentPage];
  switch (requestState.state) {
    case 'pending':
      return `Loading ${currentPage}...`;
    case 'error':
      return `Error! Unable to load ${currentPage}: ${requestState.error}`;
    case 'ok':
      return `<h1>${currentPage}</h1>\n${requestState.pageText}`;
```

```
  }
}

async function changePage(state: State, newPage: string) {
  state.requests[newPage] = {state: 'pending'};
  state.currentPage = newPage;
  try {
    const response = await fetch(getUrlForPage(newPage));
    if (!response.ok) {
      throw new Error(`Unable to load ${newPage}: ${response.statusText}`);
    }
    const pageText = await response.text();
    state.requests[newPage] = {state: 'ok', pageText};
  } catch (e) {
    state.requests[newPage] = {state: 'error', error: '' + e};
  }
}
```

第一種實作的模糊性已經完全不見了：你可以清楚地知道現在的網頁是什麼，而且每一個請求都只處於一種狀態。即使使用者在發出請求之後改變網頁也不會出問題，舊的請求仍然會完成，而且它不會影響 UI。

舉個比較簡單但驚悚的例子，2009 年 6 月 1 日，法航 447 航班在大西洋上空消失了，它是一架 Airbus A330。Airbus 是電子控制飛機，也就是說，機師輸入的控制命令會先經過一個電腦系統，才會影響飛機的物理控制面。在那次墜機之後，很多人對這種依靠電腦來進行生死攸關的決策的做法提出質疑。兩年後，黑盒子被找到了，調查人員從中發現許多導致墜機的因素。其中最關鍵的一種是不良的狀態設計。

Airbus 330 的座艙為機師與副機師各提供一套獨立的控制設備。其中有個控制攻角的「側桿」。將它後拉可讓飛機爬升，將它前推會讓飛機俯衝。Airbus 330 有一種稱為「雙輸入」模式的系統，可讓兩支側桿獨立移動。這是模擬它的狀態的 TypeScript：

```
interface CockpitControls {
  /** 左側桿的角度，以度為單位，0 = 中性，+ = 向前 */
  leftSideStick: number;
  /** 左側桿的角度，以度為單位，0 = 中性，+ = 向前 */
  rightSideStick: number;
}
```

假如有人給你這個資料結構，並要求你寫一個 `getStickSetting` 函式來計算當前的桿位，你該怎麼做？

第一種做法是假設機師（坐在左邊的）目前正在控制：

```
function getStickSetting(controls: CockpitControls) {
  return controls.leftSideStick;
}
```

但如果副機師已經在控制了呢？你可能要使用不在零位上的側桿：

```
function getStickSetting(controls: CockpitControls) {
  const {leftSideStick, rightSideStick} = controls;
  if (leftSideStick === 0) {
    return rightSideStick;
  }
  return leftSideStick;
}
```

但是這種做法有一個問題：當右邊的桿子是中性的時候，我們才能放心地回傳左邊的設定。所以你要檢查它：

```
function getStickSetting(controls: CockpitControls) {
  const {leftSideStick, rightSideStick} = controls;
  if (leftSideStick === 0) {
    return rightSideStick;
  } else if (rightSideStick === 0) {
    return leftSideStick;
  }
  // ???
}
```

如果它們都是非零怎麼辦？希望它們差不多一樣，此時你只要計算它們的平均值即可：

```
function getStickSetting(controls: CockpitControls) {
  const {leftSideStick, rightSideStick} = controls;
  if (leftSideStick === 0) {
    return rightSideStick;
  } else if (rightSideStick === 0) {
    return leftSideStick;
  }
  if (Math.abs(leftSideStick - rightSideStick) < 5) {
    return (leftSideStick + rightSideStick) / 2;
  }
  // ???
}
```

但如果不是這樣呢？你可以丟出錯誤嗎？絕對不行，你必須將副翼設為某個角度！

法航 447 航班的副機師在飛機進入暴風區時，私自拉回他的側桿，讓高度上升，最後進入失速狀態（也就是飛機的速度太慢而無法有效地產生升力），飛機開始下墜。

根據機師接受的訓練，脫離失速狀態的做法是將側桿往前推，讓飛機俯衝來恢復速度。機師正是採取這種做法，但是副機師仍然默默地將他的測桿往回拉，Airbus 的動作就像這樣：

```
function getStickSetting(controls: CockpitControls) {
  return (controls.leftSideStick + controls.rightSideStick) / 2;
}
```

即使機師將側桿完全往前推，平均下來的結果也是零。他不知道為何飛機沒有俯衝，當副機師終於說出他的舉動時，飛機的高度已經太低了，無法恢復速度，最終墜入大海，機上的 228 人全部罹難。

這個故事的重點是，我們無法用那個輸入來寫出好的 `getStickSetting`！這個函式注定是失敗的。在大部分的飛機上，兩套控制設備的機械是相連的。如果副機師將桿子拉回，機師的控制設備也會拉回。這些控制設備的狀態很容易表示：

```
interface CockpitControls {
  /** 桿子的角度，以度為單位，0 = 中性，+ = 往前 */
  stickAngle: number;
}
```

正如同本章開頭的 Fred Brooks 的引言，現在我們的流程圖很明顯。你完全不需要 `getStickSetting` 函式。

當你設計型態時，你要好好地想一下有哪些值是你要納入的，有哪些是你要排除的。如果你只容許代表有效狀態的值，你的程式將更容易編寫，TypeScript 也更容易檢查它。這是很通用的原則，本章的其他項目將討論它的具體做法。

請記住

- 可以代表有效與無效狀態的型態極可能產生令人難以理解且容易出錯的程式。
- 盡量使用只代表有效狀態的型態。即使它們比較長，或比較難以表達，它們最後都可以節省你的時間與痛苦。

項目 29：寬容地對待你收到的東西，嚴格地看待你產生的東西

這個概念稱為**穩健法則**（*robustness principle*）或 *Postel* **定律**，名稱來自 Jon Postel，他在 TCP 的背景之下寫下這個定律：

> TCP 的實作應該遵守通用的穩健法則：保守地做事，寬容地接受別人的東西。

類似的法則也適用於函式的合約。讓函式寬容地接收輸入是件好事，但它們通常要產生比較具體的輸出。

例如，3D 對映 API 可能會提供一種功能來定位相機，並計算定界框（bounding box）的視埠（viewport）：

```
declare function setCamera(camera: CameraOptions): void;
declare function viewportForBounds(bounds: LngLatBounds): CameraOptions;
```

將 `viewportForBounds` 的結果直接傳給 `setCamera` 來定位相機是很方便的做法。

我們來看一下這些型態的定義：

```
interface CameraOptions {
  center?: LngLat;
  zoom?: number;
  bearing?: number;
  pitch?: number;
}
type LngLat =
  { lng: number; lat: number; } |
  { lon: number; lat: number; } |
  [number, number];
```

`CameraOptions` 的欄位都是選用的，因為你可能只想要設定中心點（center）或變焦（zoom），但不想要改變方向（bearing）或俯仰（pitch）。`LngLat` 型態也讓 `setCamera` 寬容地看待它收到的東西：你可以傳入 `{lng, lat}` 物件、`{lon, lat}` 物件，或 `[lng, lat]`，如果你確定順序是正確的。這些調節可以方便函式調用它們。

`viewportForBounds` 函式也接收另一個「寬容的」型態：

```
type LngLatBounds =
  {northeast: LngLat, southwest: LngLat} |
```

```
    [LngLat, LngLat] |
    [number, number, number, number];
```

你也可以使用具名的角點（corners）、一對經緯度，或 4-tuple 來指定界限，如果你確定順序是對的。因為 LngLat 已經包含三種形式了，所以 LngLatBounds 可能有 19 種以上的形式。真的很寬容！

接著我們來寫一個調整視埠的函式，來配合 GeoJSON Feature 並將視埠存入 URL（項目 31 有 calculateBoundingBox 的定義）：

```
function focusOnFeature(f: Feature) {
  const bounds = calculateBoundingBox(f);
  const camera = viewportForBounds(bounds);
  setCamera(camera);
  const {center: {lat, lng}, zoom} = camera;
             // ~~~        … 型態沒有 'lat' 屬性的定義
             //      ~~~   … 型態沒有 'lng' 屬性的定義
  zoom; // 型態是 number | undefined
  window.location.search = `?v=@${lat},${lng}z${zoom}`;
}
```

咦！只有 zoom 屬性存在，但它的型態被推斷為 number|undefined，這是有問題的。問題在於，viewportForBounds 的型態宣告指出它不僅對它接收的東西寬容，也對它**產生**的東西寬容。若要以型態安全的方式使用 camera 產生的結果，唯一的做法是為聯集型態的各個元件加入產生碼分支（項目 22）。

回傳型態有許多選用的屬性與聯集型態會讓 viewportForBounds 很難用。它那寬廣的參數型態很方便，但是寬廣的回傳型態就不是如此了。比較方便的 API 都會嚴格地限制它產生的東西。

有一種做法是區分座標的標準格式。你可以按照 JavaScript 區分「陣列」與「類陣列」（項目 16）的規範區分 LngLat 與 LngLatLike。你也可以區分完整定義的 Camera 型態，與 setCamera 收到的部分完整版本：

```
interface LngLat { lng: number; lat: number; };
type LngLatLike = LngLat | { lon: number; lat: number; } | [number, number];

interface Camera {
  center: LngLat;
  zoom: number;
  bearing: number;
  pitch: number;
```

```
}
interface CameraOptions extends Omit<Partial<Camera>, 'center'> {
  center?: LngLatLike;
}
type LngLatBounds =
  {northeast: LngLatLike, southwest: LngLatLike} |
  [LngLatLike, LngLatLike] |
  [number, number, number, number];

declare function setCamera(camera: CameraOptions): void;
declare function viewportForBounds(bounds: LngLatBounds): Camera;
```

寬鬆的 CameraOptions 型態可接收較嚴格的 Camera 型態（項目 14）。

你不能在 setCamera 裡面使用 Partial<Camera> 型態的參數，因為你要讓 center 屬性使用 LngLatLike 物件。你也不能編寫 "CameraOptions extends Partial<Camera>"，因為 LngLatLike 是 LngLat 的超集合，不是子集合（項目 7）。如果你覺得這樣子太複雜，你也可以用重複的程式來寫出明確的型態：

```
interface CameraOptions {
  center?: LngLatLike;
  zoom?: number;
  bearing?: number;
  pitch?: number;
}
```

無論如何，使用這些新的型態宣告式之後，focusOnFeature 就可以通過型態檢查了：

```
function focusOnFeature(f: Feature) {
const bounds = calculateBoundingBox(f);
const camera = viewportForBounds(bounds);
setCamera(camera);
const {center: {lat, lng}, zoom} = camera;  // OK
zoom;  // 型態是數字
window.location.search = `?v=@${lat},${lng}z${zoom}`;
}
```

這一次，zoom 的型態是 number，而不是 number|undefined。現在 viewportForBounds 函式容易使用多了。如果你有任何其他產生 bound 的函式，你也要加入規範形式，並區分 LngLatBounds 與 LngLatBoundsLike。

允許 19 種可能的定界框形式是好設計嗎？或許不是。但如果你為做這項工作的程式庫編寫型態宣告式，你就要模擬它的行為。只要不要使用 19 種回傳型態都可以！

請記住

- 輸入型態往往比輸出型態寬廣。選用的屬性與聯集型態在參數型態中比在回傳型態中更常見。
- 為了在參數與回傳型態之間重複使用型態，你可以使用典型形式（回傳型態）與較寬鬆的形式（參數）。

項目 30：不要在註釋中重複編寫型態資訊

這段程式有什麼問題？

```
/**
 * 回傳前景色字串。
 * 接收零或一個引數。沒有引數時，回傳
 * 標準前景色。有一個引數時，回傳特定網頁
 * 的前景色。
 */
function getForegroundColor(page?: string) {
  return page === 'login' ? {r: 127, g: 127, b: 127} : {r: 0, g: 0, b: 0};
}
```

程式碼與註釋不一致！如果沒有其他的上下文，我們很難判斷哪一個是對的，但顯然有些不對勁。正如我的一位教授曾經說過的，「程式碼與註釋不一致代表它們都是錯的！」

如果程式的動作與預期的一致，代表註釋有問題：

- 它說函式用 `string` 回傳顏色，其實它回傳的是 `{r, g, b}` 物件。
- 它說函式接收零個或一個引數，但這件事已經可以從型態簽章中看到了。
- 它沒必要的冗長：註釋比函式宣告式和實作還要長！

TypeScript 的型態註記系統在設計上是緊湊的、具描述性的，且易讀的。它的開發者是有數十年經驗的語言專家。用型態註記來表達函式的輸入型態和輸出型態幾乎必定比用文字好！

而且因為 TypeScript 編譯器會檢查你的型態註記，註記絕對不會和實作不一致。但是回傳 string 的 getForegroundColor 將來可能會被改成回傳一個物件，而且修改它的人忘了修改那段冗長的註釋。

任何東西都要處於被強迫的情況下才能保持一致。使用型態註記的話，TypeScript 的型態檢查器就是強迫的機制！如果你將型態資訊放在註記，而不是放在註釋，你就可以大幅提升它在程式演變的過程中可以保持正確的信心。

比較好的註釋應該是：

```
/** 取得 app 或特定網頁的前景顏色。 */
function getForegroundColor(page?: string): Color {
  // ...
}
```

如果你想要說明特定的參數，可使用 @param JSDoc 註記，詳情請參考項目 48。

提示某些東西不能改變的註釋也很可疑，不要只說你不能修改參數：

```
/** 不要修改數字 */
function sort(nums: number[]) { /* ... */ }
```

你應該將它宣告為 readonly（項目 17），讓 TypeScript 實施合約：

```
function sort(nums: readonly number[]) { /* ... */ }
```

用於註釋的規則也適用於變數名稱。不要在變數的名稱中解釋型態：與其將變數稱為 ageNum，不如將它稱為 age，並確保它真的是個 number。

這種做法有一個例外是有單位的數字。如果單位不容易看出，或許你想要將它加入變數或屬性的名稱。例如，timeMs 這個名稱比只有 time 清楚多了，且 temperatureC 比 temperature 清楚多了。項目 37 將介紹「brands」，它是比較型態安全的單位建模法。

請記住

- 不要在註釋與變數名稱裡面重複編寫型態資訊，這種做法充其量只是重複做型態宣告做的事情，但最壞的結果是產生矛盾的資訊。
- 如果型態無法表明單位，你可以考慮在變數名稱中加入單位（例如 timeMs 或 temperatureC）。

項目 31：將 null 值推至型態邊緣

當你第一次開啟 strictNullChecks 時，它彷彿在你的程式中加入一大堆的 if 陳述式來檢查 null 與 undefined 值。這通常是因為 null 值與非 null 之間的關係是隱性的，例如當變數 A 不是 null 時，你知道變數 B 也不是 null，反之亦然。對人類讀者和型態檢查器而言，這些隱性的關係都很難以理解。

如果一群值一定全部都是 null 或全部都不是 null，而不是會混在一起時，它們用起來比較容易。你可以將 null 值推到結構的邊緣來模擬這種型態。

假如你想要計算一串數字的最小值與最大值，並且將這個動作稱為「extent」。第一種做法是：

```
function extent(nums: number[]) {
  let min, max;
  for (const num of nums) {
    if (!min) {
      min = num;
      max = num;
    } else {
      min = Math.min(min, num);
      max = Math.max(max, num);
    }
  }
  return [min, max];
}
```

這段程式可以通過型態檢查（不需要啟動 strictNullChecks），而且推斷出來的回傳型態是 number[]，看起來沒什麼問題。但它有一個 bug 以及一個設計缺陷：

- 如果 min 或 max 是零，它可能會被覆寫。例如，extent([0, 1, 2]) 將回傳 [1, 2] 而不是 [0, 2]。
- 如果 nums 陣列是空的，函式會回傳 [undefined, undefined]。用戶端很難使用這種有好幾個 undefined 的物件，而且這種型態正是本項目不鼓勵使用的。閱讀程式碼可以知道，min 與 max 要嘛都是 undefined，要嘛都不是，但型態系統沒有表達這項資訊。

開啟 strictNullChecks 會讓這些問題更明顯：

```
function extent(nums: number[]) {
  let min, max;
  for (const num of nums) {
    if (!min) {
      min = num;
      max = num;
    } else {
      min = Math.min(min, num);
      max = Math.max(max, num);
                  // ~~~ 'number | undefined' 型態的引數
                  //     不能指派給 'number' 型態的參數
    }
  }
  return [min, max];
}
```

extent 的回傳型態被推斷為 (number | undefined)[] 更是突顯設計的缺陷。當你呼叫 extent 時，這個缺陷極可能以型態錯誤的資訊呈現：

```
const [min, max] = extent([0, 1, 2]);
const span = max - min;
          // ~~~ ~~~ 物件可能是 'undefined'
```

extent 的錯誤出在你將 undefined 排除在 min 的值之外，但沒有排除在 max 值之外。雖然這兩個值是一起初始化的，但是你沒有在型態系統中說明這項資訊。你也可以藉著加入檢查 max 的程式來讓錯誤訊息消失，但這樣會讓 bug 加倍。

比較好的解決辦法是將 min 和 max 放入同一個物件，並讓這個物件全為 null，或全部都不是 null：

```
function extent(nums: number[]) {
  let result: [number, number] | null = null;
  for (const num of nums) {
    if (!result) {
      result = [num, num];
    } else {
      result = [Math.min(num, result[0]), Math.max(num, result[1])];
    }
  }
  return result;
}
```

現在回傳型態是 `[number, number] | null`，比較容易讓用戶端使用。你可以用非 null 斷言來取得 `min` 與 `max`：

```
const [min, max] = extent([0, 1, 2])!;
const span = max - min;  // OK
```

或是用一個檢查式：

```
const range = extent([0, 1, 2]);
if (range) {
  const [min, max] = range;
  const span = max - min;  // OK
}
```

我們使用一個物件來追蹤 extent，改善了設計，協助 TypeScript 瞭解 null 值之間的關係，並修正 bug：現在 `if (!result)` 沒問題了。

混合 null 與非 null 值也有可能在類別裡面產生問題。例如，假如你用一個類別來代表使用者與他們貼在論壇的文章：

```
class UserPosts {
  user: UserInfo | null;
  posts: Post[] | null;

  constructor() {
    this.user = null;
    this.posts = null;
  }

  async init(userId: string) {
    return Promise.all([
      async () => this.user = await fetchUser(userId),
      async () => this.posts = await fetchPostsForUser(userId)
    ]);
  }

  getUserName() {
    // ...?
  }
}
```

當兩個網路請求正處於載入狀態時，`user` 與 `posts` 屬性都是 `null`。無論何時，它們可能都是 `null`，可能一個是 `null`，或兩個都不是 `null`，總共有四種可能性。這種複雜性會滲透到類別的每一個方法裡面。這項設計幾乎一定會導致混淆，以及 null 檢查式與 bug 的氾濫。

比較好的設計是等待類別使用的資料都就緒：

```
class UserPosts {
  user: UserInfo;
  posts: Post[];

  constructor(user: UserInfo, posts: Post[]) {
    this.user = user;
    this.posts = posts;
  }

  static async init(userId: string): Promise<UserPosts> {
    const [user, posts] = await Promise.all([
      fetchUser(userId),
      fetchPostsForUser(userId)
    ]);
    return new UserPosts(user, posts);
  }

  getUserName() {
    return this.user.name;
  }
}
```

現在 UserPosts 類別完全沒有 null 了，所以我們可以輕鬆地寫出正確的方法。當然，如果你需要在資料部分載入時執行操作，你就要處理各式各樣的 null 與非 null 狀態了。

（不要試著將 nullable 屬性換成 Promise。這往往會導致更難以理解的程式，並且迫使所有方法不同步。Promise 可釐清載入資料的程式碼，但往往會對使用那些資料的類別造成相反的影響。）

請記住

- 在設計時，不要讓一個值是否為 null 隱性地決定另一個值是否為 null。
- 讓較大型的物件完全是 null 或完全不是 null，來將 null 值推至 API 的邊緣，如此一來可讓人類與型態檢查器更容易瞭解程式碼。

- 考慮建立完全不是 null 的類別，並且在取得所有的值之後，再建構它。
- 雖然 strictNullChecks 可能指出程式的許多問題，但是若要顯示函式與 null 值有關的行為，它是不可或缺的。

項目 32：盡量使用介面的聯集，而不是聯集的介面

如果你寫出來的介面的屬性是聯集型態，你就要想想使用比較精確的介面的聯集是否比較好。

假如你要寫一個向量繪圖程式，並且想要為特定幾何形狀的圖層定義一個介面：

```
interface Layer {
  layout: FillLayout | LineLayout | PointLayout;
  paint: FillPaint | LinePaint | PointPaint;
}
```

layout 欄位控制了形狀要在哪裡繪製，以及如何繪製（圓角？直角？），而 paint 欄位控制樣式（線條是藍色的？粗的？細的？虛線？）。

如果有個圖層的 layout 是 LineLayout，但是 paint 屬性是 FillPaint，它合理嗎？應該不合理。容許這種可能性會讓別人使用程式庫時容易出錯，並且讓介面難以使用。

比較好的做法是用不同的介面來處理各種類型的圖層：

```
interface FillLayer {
  layout: FillLayout;
  paint: FillPaint;
}
interface LineLayer {
  layout: LineLayout;
  paint: LinePaint;
}
interface PointLayer {
  layout: PointLayout;
  paint: PointPaint;
}
type Layer = FillLayer | LineLayer | PointLayer;
```

藉著這樣子定義 Layer，你就不可能將 layout 與 paint 屬性混合了。這一個範例遵守項目 28 的建議，盡量使用只代表有效狀態的型態。

這種模式最常見的例子就是「tagged union」(或「discriminated union」)。在這個例子中，有一個屬性是字串常值型態的聯集：

```
interface Layer {
  type: 'fill' | 'line' | 'point';
  layout: FillLayout | LineLayout | PointLayout;
  paint: FillPaint | LinePaint | PointPaint;
}
```

使用 `type: 'fill'`，但是接著使用 `LineLayout` 與 `PointPaint` 合理嗎？當然不合理。將 `Layer` 轉換為介面的聯集可以排除這個可能性：

```
interface FillLayer {
  type: 'fill';
  layout: FillLayout;
  paint: FillPaint;
}
interface LineLayer {
  type: 'line';
  layout: LineLayout;
  paint: LinePaint;
}
interface PointLayer {
  type: 'paint';
  layout: PointLayout;
  paint: PointPaint;
}
type Layer = FillLayer | LineLayer | PointLayer;
```

`type` 屬性是「標籤(tag)」，可以在執行期用來確定你正在處理哪一種 `Layer`。TypeScript 也可以用標籤來窄化 `Layer` 的型態：

```
function drawLayer(layer: Layer) {
  if (layer.type === 'fill') {
    const {paint} = layer;  // 型態是 FillPaint
    const {layout} = layer;  // 型態是 FillLayout
  } else if (layer.type === 'line') {
    const {paint} = layer;  // 型態是 LinePaint
    const {layout} = layer;  // 型態是 LineLayout
  } else {
    const {paint} = layer;  // 型態是 PointPaint
    const {layout} = layer;  // 型態是 PointLayout
  }
}
```

藉著正確地建立型態內的各個屬性之間的關係，你可以協助 TypeScript 檢查程式的正確性。使用最初的 `Layer` 定義的程式碼將會混雜型態斷言。

因為 tagged union 可以和 TypeScript 的型態檢查器良好地搭配，所以它們大量出現在 TypeScript 程式中。請認識這個模式，並且在適當的時候運用它。如果你可以在 TypeScript 中使用 tagged union 來表示資料型態，那麼採取這種做法通常是對的。如果你認為選用欄位是它們的型態和 `undefined` 的聯集，它們也適合這種模式，考慮這個型態：

```
interface Person {
  name: string;
  // 它們不是兩者都存在，就是兩者都不存在
  placeOfBirth?: string;
  dateOfBirth?: Date;
}
```

用註釋來說明型態資訊是很強烈的異味（項目 30），你沒有告訴 TypeScript `placeOfBirth` 與 `dateOfBirth` 欄位之間有什麼關係。

模擬這種行為比較好的做法是將這兩個屬性移到一個物件裡面。這相當於將 `null` 值推至邊緣（項目 31）：

```
interface Person {
  name: string;
  birth?: {
    place: string;
    date: Date;
  }
}
```

現在 TypeScript 抱怨值有 place，但沒有生日：

```
const alanT: Person = {
  name: 'Alan Turing',
  birth: {
// ~~~~ '{ place: string; }' 型態裡面沒有 'date' 屬性，
//      但 '{ place: string; date: Date; }' 型態
//      需要它：
    place: 'London'
  }
}
```

此外，接收 Person 物件的函式只需要做一個檢查：

```
function eulogize(p: Person) {
  console.log(p.name);
  const {birth} = p;
  if (birth) {
    console.log(`was born on ${birth.date} in ${birth.place}.`);
  }
}
```

如果你無法控制型態的結構（例如它來自一個 API），你仍然可以用介面的聯集來建立這些欄位之間的關係：

```
interface Name {
  name: string;
}

interface PersonWithBirth extends Name {
  placeOfBirth: string;
  dateOfBirth: Date;
}
type Person = Name | PersonWithBirth;
```

現在你已經從這個嵌套式結構得到一些好處了：

```
function eulogize(p: Person) {
  if ('placeOfBirth' in p) {
    p // Type is PersonWithBirth
    const {dateOfBirth} = p  // OK, type is Date
  }
}
```

這兩個案例的型態定義都讓屬性之間的關係更清楚。

請記住

- 如果介面有多個屬性是聯集型態，它通常是錯的，因為聯集型態會掩蓋屬性之間的關係。
- 介面的聯集比較精確，TypeScript 可以瞭解它。
- 考慮在結構加入「標籤」來利用 TypeScript 的控制流程分析。因為 tagged union 受到很好的支援，所以你可以在 TypeScript 程式裡面到處看到它們。

項目 33：盡量使用更精確的替代物來取代字串型態

`string` 型態的範圍很寬廣：它裡面有 "x" 與 "y" 也有**白鯨記**的所有內容（那本書的開頭是 "Call me Ishmael…"，總共大約有 120 萬個字元）。當你宣告 `string` 型態的變數時，你應該自問使用較窄的型態會不會比較好。

假如你要建立一個音樂專輯，並且想要為專輯定義一個型態。第一種做法是：

```
interface Album {
  artist: string;
  title: string;
  releaseDate: string;  // YYYY-MM-DD
  recordingType: string;  // 例如 "live" 或 "studio"
}
```

`string` 型態的普遍性，以及註釋中的型態資訊（見項目 30）都強烈暗示這個介面不太正確。這是出錯的地方：

```
const kindOfBlue: Album = {
  artist: 'Miles Davis',
  title: 'Kind of Blue',
  releaseDate: 'August 17th, 1959',  // Oops!
  recordingType: 'Studio',  // Oops!
};  // OK
```

`releaseDate` 欄位的格式不正確（根據註釋），且 "Studio" 的第一個字母是大寫，但它應該是小寫。但是這些值都是 string，所以這個物件可以指派給 `Album`，且型態檢查器不會抱怨。

這些廣泛的 `string` 型態也有可能掩蓋有效的 `Album` 物件的錯誤。例如：

```
function recordRelease(title: string, date: string) { /* ... */ }
recordRelease(kindOfBlue.releaseDate, kindOfBlue.title);  // OK，但應該是錯誤
```

上面的程式使用相反的參數來呼叫 `recordRelease`，但它們都是 string，所以型態檢查器沒有抱怨。因為 `string` 型態很普遍，這種程式都被稱為「stringly typed」。

我們可以藉著窄化型態來防止這種問題嗎？雖然將 artist 或 album 的 title 設為**白鯨記**的所有內容太沉重了，但至少看起來有點道理，所以這些欄位適合使用 `string`。`releaseDate` 欄位最好可以直接使用 `Date` 物件來避免格式問題，最後，`recordingType` 欄位可以定義成一個只有兩個值的聯集型態（也可以使用 `enum`，但是我通常不建議這樣做，見項目 53）：

```
type RecordingType = 'studio' | 'live';

interface Album {
  artist: string;
  title: string;
  releaseDate: Date;
  recordingType: RecordingType;
}
```

藉由這些改變，TypeScript 就可以更仔細地檢查錯誤了：

```
const kindOfBlue: Album = {
  artist: 'Miles Davis',
  title: 'Kind of Blue',
  releaseDate: new Date('1959-08-17'),
  recordingType: 'Studio'
// ~~~~~~~~~~~~ '"Studio"' 型態不能指派給 'RecordingType' 型態
};
```

除了可以進行更嚴格地檢查之外，這種做法也有其他的好處。首先，明確地定義型態可確保它被四處傳遞時，它的含義不會遺失。如果你只想要找到有某種紀錄類型的專輯，你或許會定義這種函式：

```
function getAlbumsOfType(recordingType: string): Album[] {
  // ...
}
```

這個函式的呼叫方如何知道它期望哪一種 `recordingType` 嗎？它只是個 `string`。即使註釋指出它的 `"studio"` 或 `"live"` 隱藏在 `Album` 的定義裡面，但使用者可能不知道應該查看註釋。

其次，明確地定義型態可讓你附加註釋（見項目 48）：

```
/** 這個專輯在哪個環境錄製的？ */
type RecordingType = 'live' | 'studio';
```

當你修改 `getAlbumsOfType` 來接收 `RecordingType` 時，呼叫方可以按下它來查看註釋（見圖 4-1）。

```
                                    type RecordingType = "live" | "studio"
                                    What type of environment was this recording made in?
function getAlbumsOfType(recordingType: RecordingType): Album[] {
```

圖 4-1　使用具名型態而不是字串，可讓你為型態附加可在編輯器看到的註釋

另一種經常誤用 string 的地方是在函式參數內。假如你想要寫一個函式來拉出陣列內的一個欄位的所有值。Underscore 程式庫將它稱為「pluck」：

```
function pluck(records, key) {
  return record.map(record => record[key]);
}
```

你該如何定義型態？這是第一種做法：

```
function pluck(record: any[], key: string): any[] {
  return record.map(r => r[key]);
}
```

它可以通過型態檢查，但不太好，any 型態有問題，特別是在 return 值使用它時（見項目 38）。改善型態簽章的第一個步驟是加入一個泛型型態參數：

```
function pluck<T>(record: T[], key: string): any[] {
  return record.map(r => r[key]);
                    // ~~~~~~ 元素有個隱性的 'any' 型態
                    //        因為型態 '{}' 沒有索引簽章
}
```

現在 TypeScript 抱怨 key 的 string 型態太廣泛了，它是對的：當你傳入一個 Album 的陣列時，鍵只有四種有效的值（「artist」、「title」、「releaseDate」與「recordingType」），而不是一大堆字串。這正是 keyof Album 的型態：

```
type K = keyof Album;
// 型態是 "artist" | "title" | "releaseDate" | "recordingType"
```

修正的方法是將 string 換成 keyof T：

```
function pluck<T>(record: T[], key: keyof T) {
  return record.map(r => r[key]);
}
```

這段程式可以通過型態檢查，也可以讓 TypeScript 推斷回傳型態。它的成果如何？當你在編輯器內，將滑鼠移到 pluck 上面時，可看到推斷出來的型態是：

```
function pluck<T>(record: T[], key: keyof T): T[keyof T][]
```

T[keyof T] 是任何一種 T 值的型態。如果你將一個字串當成 key 傳入，它就太廣泛了。例如：

```
const releaseDates = pluck(albums, 'releaseDate'); // 型態是 (string | Date)[]
```

型態應該是 Date[]，不是 (string | Date)[]。雖然 keyof T 比 string 狹窄多了，但它仍然太廣泛了。為了將它進一步窄化，我們必須加入第二個泛型參數，它是 keyof T 的子集合（可能是一個值）：

```
function pluck<T, K extends keyof T>(record: T[], key: K): T[K][] {
  return record.map(r => r[key]);
}
```

（要進一步瞭解這個背景中的 extends，見項目 14。）

現在型態簽章已經完全正確了。我們可以用幾種不同的方式呼叫 pluck 來檢查它：

```
pluck(albums, 'releaseDate');  // 型態是 Date[]
pluck(albums, 'artist');  // 型態是 string[]
pluck(albums, 'recordingType');  // 型態是 RecordingType[]
pluck(albums, 'recordingDate');
           // ~~~~~~~~~~~~~~~ '"recordingDate"' 型態的引數不能
           //                 指派給 … 型態的參數
```

語言服務甚至可以為 Album 的鍵提供自動完成功能（見圖 4-2）。

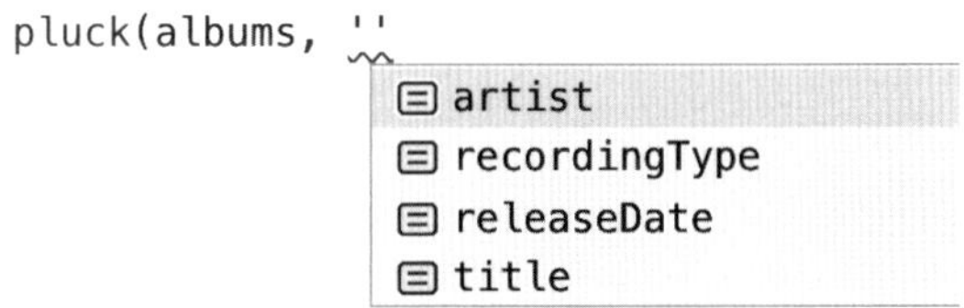

圖 4-2　使用 keyof Album 參數型態而非 string 可在編輯器產生更棒的自動完成功能

string 有一些與 any 一樣的問題：當你錯誤地使用它時，它會允許無效的值，並掩蓋型態間的關係，它會阻撓型態檢查器，並且可能隱藏真正的 bug。TypeScript 的 string 子集合定義功能是讓 JavaScript 程式型態安全的好方法，使用比較精確的型態不但可以抓到錯誤，也可以改善程式碼的易讀性。

請記住

- 避免「stringly typed」程式。如果並非每一個 `string` 都有可能會出現，就使用比較合適的型態。
- 如果字串常值型態聯集可以更精準地描述變數的域，那就用它來取代 `string`，藉以獲得更嚴格的型態檢查，並且改善開發體驗。
- 讓預期接收物件屬性的函式參數使用 `keyof T` 而非 `string`。

項目 34：寧可使用不完整的型態，也不要使用不精確的型態

在編寫型態宣告時，有時你會遇到一種情況：你可以選擇用較精確的方式，或較不精確的方式來建立行為的模型。精確的型態通常是好東西，因為它可協助使用者抓到 bug，以及利用 TypeScript 提供的工具。但是當你提升型態宣告式的精確性時，你要很小心，因為此時你很容易犯錯，而且不正確的型態可能比完全沒有型態更糟糕。

假如你要為 GeoJSON 編寫型態宣告式，GeoJSON 是我們已經在項目 31 看過的格式。GeoJSON Geometry 可能是幾種型態之一，每一個都有不同外形的座標陣列：

```
interface Point {
  type: 'Point';
  coordinates: number[];
}
interface LineString {
  type: 'LineString';
  coordinates: number[][];
}
interface Polygon {
  type: 'Polygon';
  coordinates: number[][][];
}
type Geometry = Point | LineString | Polygon;  // 還有一些其他的
```

這段程式沒問題，只是座標（coordinate）的 number[] 不太精確。它們其實是緯度與經度，所以使用 tuple 型態應該比較好：

```
type GeoPosition = [number, number];
interface Point {
  type: 'Point';
  coordinates: GeoPosition;
}
// 等等
```

於是，你將更精確的型態發表出去，期待大家的稱讚，遺憾的是，有用戶抱怨你的新型態破壞所有東西了。即使你只用了緯度與經度，但是在 GeoJSON 內的位置可以有第三個元素—海拔，甚至更多。為了讓型態宣告更精確，你做得太超過了，反而導致型態不精確！為了繼續使用你的型態宣告，使用者必須加入型態斷言，或是用 as any 來讓型態檢查器保持沉默。

舉另一個例子，假設你在 JSON 中為一種類似 Lisp 的語言編寫型態宣告：

```
12
"red"
["+", 1, 2]  // 3
["/", 20, 2]  // 10
["case", [">", 20, 10], "red", "blue"]  // "red"
["rgb", 255, 0, 127]  // "#FF007F"
```

Mapbox 程式庫使用這種系統來決定許多裝置上的地圖功能的外觀。為了設定它的型態，你可以嘗試許多不同的精確度：

1. 允許任何東西。
2. 允許字串、數字與陣列。
3. 允許字串、數字與陣列，以已知的函式名稱開始。
4. 確保各個函式都得到正確數量的引數。
5. 確保各個函式都得到型態正確的引數。

前兩個選項很簡單：

```
type Expression1 = any;
type Expression2 = number | string | any[];
```

此外，你也要加入一組有效的 expression 測試組，以及一組無效的測試組。因為你讓型態比較精確，它們可協助你避免錯誤回歸（見項目 52）：

```
const tests: Expression2[] = [
  10,
  "red",
  true,
// ~~~ 'true' 型態不能指派給 'Expression2' 型態
  ["+", 10, 5],
  ["case", [">", 20, 10], "red", "blue", "green"],  // 太多值了
  ["**", 2, 31],  // 應該是錯誤：沒有 no "**" 函式
  ["rgb", 255, 128, 64],
  ["rgb", 255, 0, 127, 0]  // 太多值了
];
```

若要實作下一級的精確度，你可以在 tuple 的第一個元素使用字串常值型態聯集：

```
type FnName = '+' | '-' | '*' | '/' | '>' | '<' | 'case' | 'rgb';
type CallExpression = [FnName, ...any[]];
type Expression3 = number | string | CallExpression;

const tests: Expression3[] = [
  10,
  "red",
  true,
// ~~~ 'true' 型態不能指派給 'Expression3' 型態
  ["+", 10, 5],
  ["case", [">", 20, 10], "red", "blue", "green"],
  ["**", 2, 31],
// ~~~~~~~~~~~ '"**"' 型態不能指派給 'FnName' 型態
  ["rgb", 255, 128, 64]
];
```

它抓到一個新的錯誤，而且沒有錯誤回歸。非常好！

如果你想要確保各個函式都得到正確數量的引數呢？做這件事比較麻煩，因為現在型態必須是遞迴的，以便深入所有函式呼叫。在 TypeScript 3.6，為了做這件事，你必須至少使用一個 `interface`。因為 `interface` 不能是聯集，你必須改用 `interface` 編寫 call expression。這有點尷尬，因為用 tuple 型態來表示長度固定的陣列是最簡單的做法。但你**可以**做這件事：

```
type Expression4 = number | string | CallExpression;

type CallExpression = MathCall | CaseCall | RGBCall;

interface MathCall {
  0: '+' | '-' | '/' | '*' | '>' | '<';
  1:Expression4;
  2:Expression4;
  length: 3;
}

interface CaseCall {
  0: 'case';
  1: Expression4;
  2: Expression4;
  3: Expression4;
  length: 4 | 6 | 8 | 10 | 12 | 14 | 16 // 等等
}

interface RGBCall {
  0: 'rgb';
  1: Expression4;
  2: Expression4;
  3: Expression4;
  length: 4;
}

const tests: Expression4[] = [
  10,
  "red",
  true,
// ~~~ 'true' 型態不能指派給 'Expression4' 型態
  ["+", 10, 5],
  ["case", [">", 20, 10], "red", "blue", "green"],
// ~~~~~~~~~~~~~~~~~~~~~~~~~~~~~~~~~~~~~~~~~~~~~~~~
// '["case", [">", ...], ...]' 型態不能指派給 'string'
  ["**", 2, 31], 型態
// ~~~~~~~~~~~~ '["**", number, number]' 型態不能指派給 'string
  ["rgb", 255, 128, 64],
  ["rgb", 255, 128, 64, 73] 型態
// ~~~~~~~~~~~~~~~~~~~~~~~~  '["rgb", number, number, number, number]' 型態
//                           不能指派給 'string' 型態
];
```

現在所有無效的 expression 都產生錯誤訊息了。有趣的是，你可以用 TypeScript interface 來表示「有一致長度的陣列」之類的東西。但是這些錯誤訊息都不太好，而且關於 ** 的錯誤訊息比前面型態的更糟糕。

這樣有比之前那個較不精確的型態更好嗎？讓不正確的用法產生錯誤訊息是一項成就，但是這些錯誤訊息會讓型態更難用。在 TypeScript 開發體驗中，語言服務的重要性與型態檢查是平起平坐的（見項目 6），所以你應該檢查型態宣告產生的錯誤訊息，並試著讓自動完成功能在應該動作的情況下發揮作用。如果你讓型態宣告更精確了，卻破壞自動完成功能，你就造成更不愉快的 TypeScript 開發體驗。

型態宣告的複雜性也會增加 bug 潛入的機率。例如，Expression4 要求所有數學運算子都接收兩個參數，但是 Mapbox 運算式規格說，+ 與 * 可接收更多參數，而且 - 可以接收一個參數，此時代表否定它的輸入。Expression4 在這些情況下都不正確地顯示錯誤：

```
const okExpressions: Expression4[] = [
  ['-', 12],
// ~~~~~~~~~ '["-", number]' 型態不能指派給 'string' 型態
['+', 1, 2, 3],
// ~~~~~~~~~~~~~~ '["+", number, ...]' 型態不能指派給 'string' 型態
['*', 2, 3, 4],
// ~~~~~~~~~~~~~~ '["*", number, ...]' 型態不能指派給 'string' 型態
];
```

這一次同樣在試著讓型態更精確的時候做過頭了，反而讓它更不精確。雖然這些不精確性可以修正，但你也必須擴展測試組合來說服自己你沒有遺漏任何其他東西。複雜的程式通常需要更多測試，型態也是如此。

當你細化型態時，想一下「恐怖谷（uncanny valley）」理論是有幫助的。細化 any 這類非常不精確的型態通常是有益的，但是隨著型態越來越精確，人們也會更期望它們是精確的，你會更依賴型態，因此不精確性會產生更大的問題。

請記住

- 避免型態安全的恐怖谷現象：不正確的型態通常比沒有型態糟糕。
- 就算你無法建立精確的型態，也不要不精確地建立它！認份地使用 any 或 unknown。
- 當你讓型態越來越精確時，特別注意錯誤訊息與自動完成功能是否正常，除了正確性之外，開發體驗也很重要。

項目 35：用 API 與規格生成型態，不是資料

本章的其他項目介紹了許多認真地設計型態的好處，並說明不這樣做會出現什麼問題。好的型態可讓 TypeScript 用起來很舒服，差勁的型態則會讓它用起來很痛苦。但是這個事實會讓我們在設計型態時產生很大的壓力，如果可以不必親力親為，豈不美哉？

有一些型態來自程式的外部，例如檔案格式、API 或規格，在這種情況下，或許你不需要編寫型態，而是要生成它們。這種做法的訣竅是使用規格（specification）來生成型態，而不是使用樣本資料。當你用規格來生成型態時，TypeScript 可協助確保你沒有錯過任何情況。當你用資料來生成型態時，你只會考慮你看過的樣本，可能會錯過重要並且會破壞程式的邊緣案例。

我們曾經在項目 31 寫了一個函式來計算 GeoJSON Feature 的定界框，它長這樣：

```
function calculateBoundingBox(f: GeoJSONFeature): BoundingBox | null {
  let box: BoundingBox | null = null;

  const helper = (coords: any[]) => {
    // ...
  };
  const {geometry} = f;
  if (geometry) {
    helper(geometry.coordinates);
  }

  return box;
}
```

`GeoJSONFeature` 型態從未被明確地定義，你可以用項目 31 的一些樣本來編寫它，但是比較好的做法是使用正式的 GeoJSON 規格[1]。幸運的是，DefinitelyTyped 已經有它的 TypeScript 型態宣告了。你可以用一般的做法加入它們：

```
$ npm install --save-dev @types/geojson
+ @types/geojson@7946.0.7
```

1 GeoJSON 也稱為 RFC 7946。*http://geojson.org* 有極具可讀性的規格。

當你插入 GeoJSON 宣告之後，TypeScript 會立刻指出錯誤：

```
import {Feature} from 'geojson';

function calculateBoundingBox(f: Feature): BoundingBox | null {
  let box: BoundingBox | null = null;

  const helper = (coords: any[]) => {
    // ...
  };

  const {geometry} = f;
  if (geometry) {
    helper(geometry.coordinates);
                 // ~~~~~~~~~~~
                 // 'Geometry' 型態沒有 'coordinates' 屬性
                 // 'GeometryCollection' 型態沒有
                 // 'coordinates' 屬性
  }

  return box;
}
```

問題出在你的程式假設幾何形狀有個 `coordinates` 屬性，許多 geometry（幾何結構）確實有，包括點、線與多邊形，但是 GeoJSON geometry 也可能是 `GeometryCollection`，也就是其他幾何形狀的異質組合。與其他 geometry 不同的是，它沒有 `coordinates` 屬性。

當你用 `calculateBoundingBox` 來處理的 Feature 的 geometry 是 `GeometryCollection` 時，它會丟出一個錯誤，指出無法讀取 `undefined` 的屬性 `0`。這是真正的 bug！我們用規格的型態定義抓到它了。

修正它的其中一種做法是明確地拒絕 `GeometryCollection`：

```
const {geometry} = f;
if (geometry) {
  if (geometry.type === 'GeometryCollection') {
    throw new Error('GeometryCollections are not supported.');
  }
  helper(geometry.coordinates);  // OK
}
```

TypeScript 能夠根據檢查的結果細化 `geometry` 的型態，所以你可以參考 `geometry.coordinates`。它會產生比較清楚的錯誤訊息。

但是更好的做法是支援所有 geometry！你可以拉出另一個 helper 函式來做這件事：

```
const geometryHelper = (g: Geometry) => {
  if (geometry.type === 'GeometryCollection') {
    geometry.geometries.forEach(geometryHelper);
  } else {
    helper(geometry.coordinates);  // OK
  }
}

const {geometry} = f;
if (geometry) {
  geometryHelper(geometry);
}
```

如果你自己編寫 GeoJSON 的型態宣告，你可能是根據你對該格式的理解與經驗來建立它們的，裡面可能沒有 `GeometryCollection`，導致你誤解程式碼的正確性產生的安全性。以規格生成型態可讓你相信你的程式可處理所有的值，而不是只有你看過的。

類似的概念也適用於 API 呼叫：當你可以用 API 的規格產生型態時，這樣做通常是對的。這種做法特別適合自行宣告型態的 API，例如 GraphQL。

GraphQL API 具備一種 schema，它使用類似 TypeScript 的型態系統來指定所有可能的查詢（query）與介面，你要在這些介面內編寫請求特定欄位的查詢。例如，要使用 GitHub GraphQL API 來取得關於一個存放區的資訊，你可能會寫出：

```
query {
  repository(owner: "Microsoft", name: "TypeScript") {
    createdAt
    description
  }
}
```

結果是：

```
{
  "data": {
    "repository": {
      "createdAt": "2014-06-17T15:28:39Z",
      "description":
```

```
        "TypeScript is a superset of JavaScript that compiles to JavaScript."
      }
    }
  }
```

這種做法很棒的地方在於**你可以為特定的查詢**生成 TypeScript 型態。如同 GeoJSON 範例，這可以確保成功地模擬型態與它們的「可 null 性」精確度之間的關係。

這個查詢可以取得 GitHub 存放區的開放原始碼憑證：

```
query getLicense($owner:String!, $name:String!){
  repository(owner:$owner, name:$name) {
    description
    licenseInfo {
      spdxId
      name
    }
  }
}
```

`$owner` 與 `$name` 都是自帶型態的 GraphQL 變數。它的型態語法很像 TypeScript，所以切換使用兩者可能會令人混淆。`String` 是一種 GraphQL 型態—它是 TypeScript 的 `string`（見項目 10）。雖然 TypeScript 的型態不是 nullable，但 GraphQL 的型態是。在型態後面的！保證它不是 null。

許多工具可以協助你從 GraphQL 查詢（query）轉為 TypeScript 型態，其中一種是 Apollo。這是它的用法：

```
$ apollo client:codegen \
    --endpoint https://api.github.com/graphql \
    --includes license.graphql \
    --target typescript
Loading Apollo Project
Generating query files with 'typescript' target - wrote 2 files
```

你需要用 GraphQL schema 來為 query 生成型態。Apollo 會從 `api.github.com/graphql` 端點取得它。它的輸出是：

```
export interface getLicense_repository_licenseInfo {
  __typename: "License";
  /** Short identifier specified by <https://spdx.org/licenses> */
  spdxId: string | null;
  /** The license full name specified by <https://spdx.org/licenses> */
```

```
  name: string;
}

export interface getLicense_repository {
  __typename: "Repository";
  /** The description of the repository. */
  description: string | null;
  /** The license associated with the repository */
  licenseInfo: getLicense_repository_licenseInfo | null;
}

export interface getLicense {
  /** Lookup a given repository by the owner and repository name. */
  repository: getLicense_repository | null;
}

export interface getLicenseVariables {
  owner: string;
  name: string;
}
```

這裡的重點是：

- 它為 query 參數（`getLicenseVariables`）與回應（`getLicense`）兩者生成介面。
- 是否 nullable 的資訊會從 schema 轉換至回應介面。`repository`、`description`、`licenseInfo` 與 `spdxId` 欄位都是 nullable，但是 license `name` 與查詢變數不是。
- 文件會被轉換成 JSDoc，所以它會在你的編輯器裡面顯示（項目 48）。這些註釋來自 GraphQL schema 本身。

這個型態資訊可協助確保你正確地使用 API。如果你的查詢改變了，型態也會改變。如果 schema 改變了，型態也會如此。你的型態沒有不符合實際情況的風險，因為它們都來自同一個真相來源：GraphQL schema。

如果沒有規格或官方 schema 可用呢？此時，你就必須用資料生成型態。`quicktype` 之類的工具可以協助這項工作。但你要小心，你的型態可能會不符合實際狀況：你可能會錯過一些邊緣案例。

雖然你可能不知道，但是其實你已經得到程式碼生成的好處了，TypeScript 為瀏覽器 DOM API 宣告的型態是用官方介面生成的（見項目 55），這可以確保它們正確地模擬複雜的系統，並協助 TypeScript 捉到錯誤以及你自己的程式中的誤解。

請記住

- 考慮為 API 呼叫與資料格式生成型態，來讓程式的各個層面都有型態安全性。
- 盡量用規格生成程式碼，而不是用資料。罕見的案例也很重要！

項目 36：用你的問題領域的語言來為型態命名

> 電腦科學領域只有兩個難題：快取無效，以及命名。
>
> —*Phil Karlton*

本書已經探討許多關於型態的**外形**，以及它們的領域值集合的事項了，但是對於如何為型態***命名***著墨甚少，但它也是型態設計很重要的部分。好的型態、屬性與變數名稱可以表明意圖，並且提升程式和型態的抽象等級。不好的型態名稱會掩蓋你的程式，導致錯誤的心智模型。

假如你要建構一個動物資料庫，你寫了一個介面來描述它：

```
interface Animal {
  name: string;
  endangered: boolean;
  habitat: string;
}

const leopard: Animal = {
  name: 'Snow Leopard',
  endangered: false,
  habitat: 'tundra',
};
```

它有一些問題：

- `name` 是很籠統的詞，你期望它是哪一種名稱？學名？俗名？
- 布林的 `endangered`（瀕危）欄位也很模糊，如果動物已經滅絕了呢？它代表「瀕危或更糟」嗎？或它就是字面的「瀕危」？
- `habitat` 欄位很模糊，不僅因為 `string` 型態太寬廣了，也因為「habitat（棲地）」的意思不明確。
- 變數名稱是 `leopard`，但是 `name` 屬性的值是「Snow Leopard」，這個區別有意義嗎？

這是較明確的型態宣告與值：

```
interface Animal {
  commonName: string;
  genus: string;
  species: string;
  status: ConservationStatus;
  climates: KoppenClimate[];
}
type ConservationStatus = 'EX' | 'EW' | 'CR' | 'EN' | 'VU' | 'NT' | 'LC';
type KoppenClimate = |
  'Af' | 'Am' | 'As' | 'Aw' |
  'BSh' | 'BSk' | 'BWh' | 'BWk' |
  'Cfa' | 'Cfb' | 'Cfc' | 'Csa' | 'Csb' | 'Csc' | 'Cwa' | 'Cwb' | 'Cwc' |
  'Dfa' | 'Dfb' | 'Dfc' | 'Dfd' |
  'Dsa' | 'Dsb' | 'Dsc' | 'Dwa' | 'Dwb' | 'Dwc' | 'Dwd' |
  'EF' | 'ET';
const snowLeopard: Animal = {
  commonName: 'Snow Leopard',
  genus: 'Panthera',
  species: 'Uncia',
  status: 'VU',  // vulnerable（脆弱的）
  climates: ['ET', 'EF', 'Dfd'],  // 高山或亞高山
};
```

這段程式改善了幾個地方：

- 它將 `name` 換成比較具體的詞：`commonName`、`genus` 與 `species`。
- 它將 `endangered` 改成 `conservationStatus`，並使用 IUCN 的標準分類系統。
- 它將 `habitat` 變成 `climates`，並使用另一種標準的分類，也就是 Köppen 氣候分類。

如果你要知道第一版型態的欄位資訊，你就要找到設計它們的人並詢問他們。他們八成不是離開公司了，就是記不起來了。更糟的是，你可能會執行 `git blame` 來查詢究竟是誰寫出這些糟糕的型態，卻發現始作俑者是你自己！

第二版大大地改善情況。如果你想要進一步瞭解 Köppen 氣候分類系統，或追蹤 conservation status 究竟是什麼意思，網路上有無限的資源可以幫助你。

每一個領域都會用專業的術語來描述它的主題。與其發明自己的術語，不如試著使用問題領域的術語。那些術語往往經過多年、數十年或數百年的淬鍊了，也是該領域的人們所熟知的。使用那些術語可以幫助你和用戶溝通，並增加型態的明確度。

務必精確地使用領域術語：使用領域術語來描述不同的東西，比發明自己的詞彙更令人困惑。

以下是在命名型態、屬性與變數時，應該記住的其他幾條規則：

- 有意義地使用不同的名稱。在寫作與演講時，反覆地使用同一個詞彙會令人感到乏味，所以經常使用同義詞來避免單調，讓文章讀起來更有趣，但是同義詞對程式卻有相反的影響。如果你要使用兩個不同的詞彙，務必讓它們代表不同的意義。若非如此，請使用同一個詞彙。
- 不要使用含糊、無意義的名稱，例如「data」、「info」、「thing」、「item」、「object」或流行的「entity」。如果 Entity 在你的領域有特定的意義，你可以使用它，但如果你是因為懶得找出更有意義的名稱而使用它，你最終會遇到麻煩。
- 根據「事物是什麼」來命名它們，而不是它們包含什麼，或它們如何被計算出來。`Directory` 比 `INodeList` 有意義，它可讓你將 directory 視為一種概念，而不是它們的實作。好名稱可以提升抽象的等級，並且降低意外衝突的風險。

請記住

- 盡量使用問題領域的名稱來提升易讀性以及程式的抽象等級。
- 不要用不同的名稱來代表同一件事，請有意義地使用不同的名稱。

項目 37：考慮使用「brand」來進行名義定型

項目 4 討論了 structural （「duck」） typing（結構（「鴨子」）定型），以及它為何可能造成意外：

```
interface Vector2D {
  x: number;
  y: number;
}
function calculateNorm(p: Vector2D) {
  return Math.sqrt(p.x * p.x + p.y * p.y);
}

calculateNorm({x: 3, y: 4});  // OK，結果是 5
const vec3D = {x: 3, y: 4, z: 1};
calculateNorm(vec3D);  // OK ！結果也是 5
```

如果你想要讓 calculateNorm 拒絕 3D 向量呢？這違背 TypeScript 的 structural typing，但是在數學上比較正確。

有一種做法是使用 *nominal typing*（**名義定型**）。使用 nominal typing 時，一個值之所以是 Vector2D，是因為你說它是，而不是因為它有正確的外形。要在 TypeScript 模擬這種行為，你可以使用「brand」（指的是牛身上的「烙印」，不是可口可樂的「品牌」）：

```
interface Vector2D {
  _brand: '2d';
  x: number;
  y: number;
}
function vec2D(x: number, y: number): Vector2D {
  return {x, y, _brand: '2d'};
}
function calculateNorm(p: Vector2D) {
  return Math.sqrt(p.x * p.x + p.y * p.y);  // 與之前相同
}

calculateNorm(vec2D(3, 4)); // OK，回傳 5
const vec3D = {x: 3, y: 4, z: 1};
calculateNorm(vec3D);
           // ~~~~~ …型態沒有 '_brand' 屬性…
```

brand 可確保向量來自正確的地方，雖然沒有人可以阻止你在 vec3D 值加入 _brand: '2d'，但是它會讓這個行為從無意的變成惡意的。通常這一種 brand 就足以抓到在無意間濫用函式的情況了。

有趣的是，就算你只在型態系統之中操作，你也可以得到許多與明確的 brand 一樣的好處。這種做法可以移除執行期開銷，也可以讓你 brand 無法附加額外屬性的內建型態（例如 string 或 number）。

例如，如果你有一個函式負責處理檔案系統，並且需要使用絕對路徑（而不是相對路徑）呢？這件事很容易在執行期檢查（路徑的開頭是「/」嗎？），但是在型態系統中不太容易處理。

這是使用 brand 的做法：

```
type AbsolutePath = string & {_brand: 'abs'};
function listAbsolutePath(path: AbsolutePath) {
  // ...
}
```

```
function isAbsolutePath(path: string): path is AbsolutePath {
  return path.startsWith('/');
}
```

你不能寫一個 string 物件並且讓它有個 _brand 屬性，因為這是在型態系統裡面進行的遊戲。

如果你的 string 路徑可能是絕對的，也可能是相對的，你可以用 type guard 來檢查，來細化它的型態：

```
function f(path: string) {
  if (isAbsolutePath(path)) {
    listAbsolutePath(path);
  }
  listAbsolutePath(path);
              // ~~~~ 'string' 型態不能指派給
              //      'AbsolutePath' 型態的參數
}
```

這種做法有助於記載哪些函式期望收到絕對或相對路徑，以及各個變數保存哪一種路徑。不過，這不是百分之百的保證，path as AbsolutePath 在處理任何 string 時都會成功。但如果你不使用這種斷言，取得 AbsolutePath 的方式只有有人給你一個，或是檢查，這正是你要的。

這種做法可以用來模擬許多無法在型態系統中表示的屬性。例如，使用二元搜尋來找出串列中的一個元素：

```
function binarySearch<T>(xs: T[], x: T): boolean {
  let low = 0, high = xs.length - 1;
  while (high >= low) {
    const mid = low + Math.floor((high - low) / 2);
    const v = xs[mid];
    if (v === x) return true;
    [low, high] = x > v ? [mid + 1, high] : [low, mid - 1];
  }
  return false;
}
```

如果串列已經排序好了，這段程式是可行的，但如果它沒有排序好，它會產生偽陰（flase negative）。你無法在 TypeScript 的型態系統中表示已排序的串列。但是你可以建立一個 brand：

```
type SortedList<T> = T[] & {_brand: 'sorted'};

function isSorted<T>(xs: T[]): xs is SortedList<T> {
  for (let i = 1; i < xs.length; i++) {
    if (xs[i] > xs[i - 1]) {
      return false;
    }
  }
  return true;
}
function binarySearch<T>(xs: SortedList<T>, x: T): boolean {
  // ...
}
```

為了呼叫這一版的 binarySearch，你必須得到一個 SortedList（也就是取得串列已被排序的證明），或是用 isSorted 證明它已經被你排序了。雖然線性掃描（linear scan）不太好，但至少你是安全的！

一般來說，這對型態檢查器來說是很有幫助的視角。例如，為了呼叫一個物件的方法，你必須得到一個非 null 物件，或是用條件式來自行證明它是非 null 的。

你也可以 brand number 型態—例如附加單位：

```
type Meters = number & {_brand: 'meters'};
type Seconds = number & {_brand: 'seconds'};

const meters = (m: number) => m as Meters;
const seconds = (s: number) => s as Seconds;

const oneKm = meters(1000);  // 型態是 Meters
const oneMin = seconds(60);  // 型態是 Seconds
```

這種做法在實務上很尷尬，因為數學運算會讓數字忘了它們的 brand：

```
const tenKm = oneKm * 10;  // 型態是 number
const v = oneKm / oneMin;  // 型態是 number
```

但是，如果你的程式牽涉許多混合各種單位的數字，這種做法應該仍然是記載數字參數的期望型態的好方法。

請記住

- TypeScript 使用 structural（「duck」）typing，它有時會導致意外的結果。如果你需要 nominal typing，考慮幫值加上「brand」來區分它們。
- 有時你可以完全在型態系統中附加 brand，而不是在執行期。你可以用這項技術來模擬不屬於 TypeScript 的型態系統的屬性。

第五章

使用 any

一直以來，型態系統都是非黑即白的，語言的型態系統要嘛是完全靜態的，要嘛是完全動態的。TypeScript 模糊了它們的界限，因為它的型態系統是**選用的**，而且是**漸進的**。你可以只在某些部分的程式加入型態，但不在其他部分加入。

如果你要將既有的 JavaScript 程式一點一點地遷移到 TypeScript，這件事非常重要（第 8 章）。做這件事的關鍵是 any 型態，它可以讓部分程式停止型態檢查。它的功能很強大，但也很容易被濫用。要寫出高效的 TypeScript，學習如何明智地使用 any 非常重要。本章將介紹如何控制 any 的缺點，同時保留其優點。

項目 38：盡量讓 any 型態使用最窄的範圍

考慮這段程式：

```
function processBar(b: Bar) { /* ... */ }

function f() {
  const x = expressionReturningFoo();
  processBar(x);
  //        ~ 'Foo' 型態的引數不能指派給
  //          'Bar' 型態的參數
}
```

如果你從背景知道 x 除了可以設為 Foo 之外，也可以設為 Bar，你可以用兩種做法強迫 TypeScript 接受這段程式：

```
function f1() {
  const x: any = expressionReturningFoo();  // 別這樣做
  processBar(x);
}

function f2() {
  const x = expressionReturningFoo();
  processBar(x as any);  // 優先這樣做
}
```

當然，第二種形式好很多。為何如此？因為你將 any 型態的範圍限制為函式引數內的單一表達式，它不會影響這個引數或這一行程式之外的地方。如果在 processBar 呼叫式後面的程式參考 x，它的型態仍然是 Foo，而且它仍然可以觸發型態錯誤，但是在第一個例子中，它在離開函式結束之處之前，它的型態都是 any。

如果你在這個函式裡面 *return* x，風險還會明顯擴大。看看發生什麼事：

```
function f1() {
  const x: any = expressionReturningFoo();
  processBar(x);
  return x;
}

function g() {
  const foo = f1();  // 型態是 any
  foo.fooMethod();  // 這個呼叫是 unchecked！
}
```

any 回傳型態有「傳染性」，因為它可能會擴及整個基礎程式。由於我們改變了 f，g 也悄然出現 any 型態。在 f2 內使用範圍較窄的 any 時不會出現這種情況。

（這是考慮加入明確的 return 型態註記的好理由，即使 return 型態可以推斷出來。它可以防止 any 型態「逃脫」。見項目 19 的說明。）

我們在這裡使用 any 來讓我們認為有誤的 error 默不出聲。另一種做法是使用 @ts-ignore：

```
function f1() {
  const x = expressionReturningFoo();
  // @ts-ignore
  processBar(x);
  return x;
}
```

這會在下一行抑制 error，讓 x 的型態保持不變。不要過度依賴 @ts-ignore：型態檢查器發出抱怨通常是有很好的理由的，使用它也代表如果下一行的錯誤變成問題更大的東西時，你將無法知道。

你可能也會只因為大型物件裡面的一個屬性而得到型態錯誤：

```
const config: Config = {
  a: 1,
  b: 2,
  c: {
    key: value
 // ~~~ 'Bar' 型態沒有 … 屬性，但 'Foo' 型態需要它
  }
};
```

雖然你可以對整個 config 使用 as any 來抑制這個錯誤：

```
const config: Config = {
  a: 1,
  b: 2,
  c: {
    key: value
  }
} as any;  // 不要這樣做！
```

但是這種做法有一個副作用，它也會停止其他屬性（a 與 b）的型態檢查。請使用範圍較窄的 any 來控制傷害：

```
const config: Config = {
  a: 1,
  b: 2,  // 這些屬性仍然會被檢查
  c: {
    key: value as any
  }
};
```

請記住

- 讓 any 的範圍越小越好，以避免其他的地方沒必要地失去型態安全性。
- 永遠不要從函式回傳 any 型態。這會默默地讓呼叫該函式的任何使用方失去型態安全。
- 如果你想要抑制一個錯誤訊息時，考慮用 @ts-ignore 取代 any。

項目 39：盡量使用 any 的精準替代品，不要使用一般的 any

any 型態包含可在 JavaScript 裡面表達的所有值，它是很寬鬆的集合！它不只包含所有數字與字串，也包含所有陣列、物件、正規表達式、函式、類別，與 DOM 元素，更不用說 null 與 undefined 了。當你使用 any 型態時，請想想有沒有更具體的型態可用。傳入正規表達式或函式是否可行？

答案通常是「否定」的，此時你或許可以使用更具體的型態，同時可以維持某些型態安全性：

```
function getLengthBad(array: any) {  // 不要這樣做！
  return array.length;
}

function getLength(array: any[]) {
  return array.length;
}
```

後面的這個用 any[] 來取代 any 的版本比較好的地方有三個：

- 在函式內參考 array.length 可通過型態檢查。
- 函式的回傳型態被推斷為 number 而不是 any。
- 呼叫 getLength 的程式會被檢查，以確保參數是個陣列：

```
getLengthBad(/123/);  // 沒有錯誤，回傳 undefined
getLength(/123/);
       // ~~~~~ 'RegExp' 型態的引數不能指派給
       //       'any[]' 型態的參數
```

如果你期望參數是個陣列的陣列，但不在乎型態為何，你可以使用 any[][]。如果你期望收到某種物件，但不知道值將是什麼，可使用 {[key: string]: any}：

```
function hasTwelveLetterKey(o: {[key: string]: any}) {
  for (const key in o) {
    if (key.length === 12) {
      return true;
    }
  }
```

```
    return false;
  }
```

你也可以在這種情況下使用 object 型態，它包含所有非基本型態的型態。這種做法有一個稍微不同的地方在於，雖然你仍然可以列出鍵，但你不能讀取它們的值：

```
  function hasTwelveLetterKey(o: object) {
    for (const key in o) {
      if (key.length === 12) {
        console.log(key, o[key]);
                      // ~~~~~~ 元素有個隱性的 'any' 型態
                      //        因為型態 '{}' 沒有索引簽章
        return true;
      }
    }
    return false;
  }
```

如果這種型態符合你的需求，或許你也想瞭解 unknown 型態，詳情見項目 42。

如果你期望收到函式型態，那就不要使用 any。取決於你想要多麼具體，你有幾個選項可用：

```
  type Fn0 = () => any;  // 任何一種不需要參數即可呼叫的函式
  type Fn1 = (arg: any) => any;  // 使用一個參數
  type FnN = (...args: any[]) => any;  // 使用任何數量的參數
                                       // 與 "Function" 型態一樣
```

它們都比 any 精準，因此應該優先採用。注意最後一個範例用 any[] 作為其餘參數的型態。any 在這些地方也可以使用，但比較不精確：

```
  const numArgsBad = (...args: any) => args.length;  // 回傳 any
  const numArgsGood = (...args: any[]) => args.length;  // 回傳 number
```

這可能是 any[] 型態最常見的用途。

請記住

- 當你使用 any 時，考慮可否使用其他 JavaScript 值。
- 優先採用比較精確的 any 形式，例如 any[] 或 {[id: string]: any} 或 () => any，如果它們可以更精準地模擬你的資料的話。

項目 40：將不安全的型態斷言藏在型態良好的函式內

許多函式的型態簽章都很容易撰寫，但是很難用型態安全的程式來實作。雖然型態安全的實作是崇高的目標，但是處理你已經知道不會在程式中出現的邊緣案例應該是沒必要的。如果你已經試著寫出型態安全的程式了，但不起作用，你可以把不安全的型態斷言藏在具備正確的型態簽章的函式裡面。在型態良好的函式裡面隱藏不安全的斷言，比在你的程式中到處使用不安全的斷言好很多。

假如你想要讓函式快取它的上一次呼叫，這種技術經常被用來避免使用 React 之類的框架來發出昂貴的函式呼叫[1]。你可以寫一個通用的 `cacheLast` 包裝，將這個行為加至任何一個函式。它的宣告式很容易寫：

```
declare function cacheLast<T extends Function>(fn: T): T;
```

先試著實作一個：

```
function cacheLast<T extends Function>(fn: T): T {
  let lastArgs: any[]|null = null;
  let lastResult: any;
  return function(...args: any[]) {
      // ~~~~~~~~~~~~~~~~~~~~~~~~~~
      //          '(...args: any[]) => any' 型態不能指派給 'T' 型態
    if (!lastArgs || !shallowEqual(lastArgs, args)) {
      lastResult = fn(...args);
      lastArgs = args;
    }
    return lastResult;
  };
}
```

這個錯誤很合理。TypeScript 沒有理由相信這個非常寬鬆的函式與 `T` 有任何關係。但是你知道型態系統會強迫呼叫方用正確的參數呼叫它，而且它的回傳值有正確的型態，所以在這裡加入型態斷言不會有太多問題：

```
function cacheLast<T extends Function>(fn: T): T {
  let lastArgs: any[]|null = null;
  let lastResult: any;
  return function(...args: any[]) {
    if (!lastArgs || !shallowEqual(lastArgs, args)) {
```

1 當你使用 React 時，你應該使用內建的 `useMemo`，不要自己寫。

```
      lastResult = fn(...args);
      lastArgs = args;
    }
    return lastResult;
  } as unknown as T;
}
```

事實上，它可以妥善地處理你傳給它的任何簡單函式。這個實作隱藏了許多 any 型態，但是你把它們排除在型態簽章之外，所以呼叫 cacheLast 的程式不知道這件事。

（這真的安全嗎？這種做法有幾個問題：它不會檢查 this 的值在連續呼叫時是否相同。而且如果原始的函式定義了一些屬性，包裝函式將沒有它們，所以它的型態會不同。但如果你知道這些情況不會在你的程式中出現，這種做法是沒問題的。這個函式**可以**用型態安全的方式來寫，但這種比較複雜的做法就讓讀者自行練習。）

上一個範例中的 shallowEqual 函式處理兩個陣列，而且容易打字與實作。但是它的物件變體比較有趣，如同 cacheLast，寫出它的型態簽章很簡單：

```
declare function shallowObjectEqual<T extends object>(a: T, b: T): boolean;
```

因為 a 與 b 不保證有相同的鍵，所以採取這種做法時要很謹慎（見項目 54）：

```
function shallowObjectEqual<T extends object>(a: T, b: T): boolean {
  for (const [k, aVal] of Object.entries(a)) {
    if (!(k in b) || aVal !== b[k]) {
                          // ~~~~ 元素有隱性的 'any' 型態
                          // 因為型態 '{}' 沒有索引簽章
      return false;
    }
  }
  return Object.keys(a).length === Object.keys(b).length;
}
```

你已經檢查 k in b 是否為 true 了，TypeScript 卻仍然抱怨 b[k] 的讀取，這件事有點讓人嚇一跳，但這是事實，所以你別無選擇，只能轉義：

```
function shallowObjectEqual<T extends object>(a: T, b: T): boolean {
  for (const [k, aVal] of Object.entries(a)) {
    if (!(k in b) || aVal !== (b as any)[k]) {
      return false;
    }
  }
```

```
  return Object.keys(a).length === Object.keys(b).length;
}
```

型態斷言是無害的（因為你已經確認 `k in b` 了），你得到一個正確的函式，而且它有清楚的型態簽章。這比在程式中到處使用迭代與斷言來檢查物件的相等性好多了！

請記住

- 有時使用不安全的型態斷言是必要的，或者是必須善巧使用的。當你需要使用它時，把它藏在具備正確簽章的函式裡面。

項目 41：瞭解 any 的演變

在 TypeScript 中，變數的型態通常是在它被宣告時決定的，宣告之後，你可以對它進行細化（例如藉著確認它是不是 `null`），但是無法擴展它來加入新值。但是這一點有個明顯的例外，涉及 `any` 型態。

在 JavaScript 中，你可能會寫一個函式來產生某個範圍的數字，例如：

```
function range(start, limit) {
  const out = [];
  for (let i = start; i < limit; i++) {
    out.push(i);
  }
  return out;
}
```

當你將它轉換成 TypeScript 時，它的動作與你想的一模一樣：

```
function range(start: number, limit: number) {
  const out = [];
  for (let i = start; i < limit; i++) {
    out.push(i);
  }
  return out;  // 回傳型態被推斷為 number[]
}
```

但是經過仔細地觀察之後，你會驚訝這種做法竟然有效！ `out` 的初始值是 `[]`，它可能是任何型態的陣列，TypeScript 如何知道它的型態是 `number[]`？

當你觀察有 out 的三個地方來瞭解它被推斷出來的型態之後，你就可以知道故事的全貌：

```
function range(start: number, limit: number) {
  const out = [];  // 型態是 any[]
  for (let i = start; i < limit; i++) {
    out.push(i);  // out 的型態是 any[]
  }
  return out;  // 型態是 number[]
}
```

out 最初的型態是 any[]，它是個未分化（undifferentiated ）的陣列。但是當我們將 number 值 push 到它裡面時，它的型態「演變」為 number[]。

它與窄化（項目 22）不同。你可以將不同的元素 push 至陣列來擴展它的型態：

```
const result = [];  // 型態是 any[]
result.push('a');
result  // 型態是 string[]
result.push(1);
result  // 型態是 (string | number)[]
```

使用條件式時，不同的分支甚至可能有不同型態。我們在此不使用陣列，而是用一個簡單的值來展示同一種行為：

```
let val;  // 型態是 any
if (Math.random() < 0.5) {
  val = /hello/;
  val  // 型態是 RegExp
} else {
  val = 12;
  val  // 型態是 number
}
val  // 型態是 number | RegExp
```

最後一種會觸發這種「any 演變」行為的案例是當變數的初值是 null 時。當你在 try/catch 區塊內設值時，通常會出現這種情況：

```
let val = null;  // 型態是 any
try {
  somethingDangerous();
  val = 12;
  val  // 型態是 number
```

```
} catch (e) {
  console.warn('alas!');
}
val  // 型態是 number | null
```

有趣的是，這種行為只會在 `noImplicitAny` 被設定，且變數的型態是隱性的 any 時出現！加入**明確的** any 時，型態是固定的：

```
let val: any;  // 型態是 any
if (Math.random() < 0.5) {
  val = /hello/;
  val  // 型態是 any
} else {
  val = 12;
  val  // 型態是 any
}
val  // 型態是 any
```

你在編輯器內看到這種行為時可能會覺得很奇怪，因為型態只會在你指派或 push 一個元素之後「演變」。在行內用賦值式來查看型態仍然會顯示 any 或 any[]。

當你在賦值之前使用一個值，你會看到「隱性 any」錯誤：

```
function range(start: number, limit: number) {
  const out = [];
  //    ~~~ 'out' 變數在一些地方有隱性的 'any[]' 型態，
  //        在那些地方無法確定它的型態
  if (start === limit) {
    return out;
    //     ~~~ 'out' 變數有隱性的 'any[]' 型態
  }
  for (let i = start; i < limit; i++) {
    out.push(i);
  }
  return out;
}
```

換句話說，當你對 any 型態進行寫入時，「會演變的」any 型態只是 any。如果你在它們仍然是 any 時試著讀取它們，你會看到錯誤訊息。

隱性的 any 型態不會在多個函式呼叫式之間演變。這個箭頭函式會讓推斷失效：

```
function makeSquares(start: number, limit: number) {
  const out = [];
     // ~~~ 'out' 變數在某些地方有隱性的 'any[]' 型態
  range(start, limit).forEach(i => {
    out.push(i * i);
  });
  return out;
      // ~~~ 'out' 變數有隱性的 'any[]' 型態
}
```

在這種情況下，你可能要考慮使用陣列的 map 與 filter 方法，用一個陳述式來建立陣列，完全避免迭代與演變 any。見項目 23 與 27。

會演變的 any 具備與型態推斷有關的所有常見注意事項。你的陣列的型態真的是 (string|number)[] 嗎？或者，它應該是 number[]，而且你錯誤地 push 一個 string？或許你應該提供一個明確的型態註記，來更好地檢查錯誤，而不是使用會演變的 any。

請記住

- 雖然 TypeScript 型態通常只會細化，但隱性的 any 與 any[] 型態都可以演變。你必須能夠認出並瞭解這種結構。
- 為了更好地檢查錯誤，考慮用明確的型態註記來取代會演變的 any。

項目 42：當值的型態不明時，用 unknown 取代 any

假如你想要寫一個 YAML 解析器（YAML 可能代表與 JSON 相同的一組值，但允許使用 JSON 語法的超集合）。你的 parseYAML 方法應該回傳什麼型態？你很容易就會使用 any（像 JSON.parse）：

```
function parseYAML(yaml: string): any {
  // ...
}
```

但是這違反了項目 38 的建議，避免「有傳染性」的 any 型態，尤其是不要讓函式回傳它們。

在理想情況下，你希望讓用戶立刻將結果指派給另一個型態：

```
interface Book {
  name: string;
  author: string;
}
const book: Book = parseYAML(`
  name: Wuthering Heights
  author: Emily Brontë
`);
```

但是沒有型態宣告時，book 變數會默默地得到 any 型態，無論在哪裡使用，都會阻礙型態檢查：

```
const book = parseYAML(`
  name: Jane Eyre
  author: Charlotte Brontë
`);
alert(book.title);  // 沒有錯誤，在執行期發出 "undefined"
book('read');  // 沒有錯誤，在執行期發出
               // "TypeError: book is not a function"
```

比較安全的做法是讓 parseYAML 回傳 unknown 型態：

```
function safeParseYAML(yaml: string): unknown {
  return parseYAML(yaml);
}
const book = safeParseYAML(`
  name:The Tenant of Wildfell Hall
  author: Anne Brontë
`);
alert(book.title);
   // ~~~~ 物件的型態是 'unknown'
book("read");
// ~~~~~~~~~~ 物件的型態是 'unknown'
```

要瞭解 unknown 型態，你可以從可賦值性的觀點來思考 any。any 的威力與風險來自兩個特性：

- 任何型態都可以指派給 any 型態。
- any 型態可以指派給任何其他型態[2]。

2 除了 never 之外。

在「將型態當成值的集合」（項目 7）的背景之下，any 顯然不符合型態系統，因為一個集合不可能同時是所有其他集合的子集合與超集合。這就是 any 的威力的來源，但也是它會產生問題的原因。因為型態檢查器的概念是建構在集合之上的，使用 any 實際上會停用它。

unknown 型態是**符合**型態系統的 any 的替代物。它有第一種特性（任何型態都可以指派給 unknown），但沒有第二種（unknown 只能指派給 unknown，當然還有 any）。never 型態是它的相反：它有第二種特性（可被指派給任何其他型態），但沒有第一種（任何東西都不能指派給 never）。

試著讀取 unknown 型態值的屬性是錯誤的，試著呼叫它，或用它來進行算術計算也是如此。所以你無法對 unknown 做太多事情，這就是重點所在，與 unknown 型態有關的錯誤會促使你使用適當的型態：

```
const book = safeParseYAML(`
  name: Villette
  author: Charlotte Brontë
`) as Book;
alert(book.title);
        // ~~~~~ 'Book' 型態沒有 'title' 型態
book('read');
// ~~~~~~~~~ 這個表達式不能呼叫
```

這些錯誤比較實用。因為 unknown 不能指派給其他型態，所以你必須使用型態斷言。但是使用它也是適當的做法：我們確實比 TypeScript 更瞭解結果物件的型態。

unknown 很適合在你知道將會有個值，但不知道它的型態時使用。parseYAML 的結果就是其中一個例子，此外還有其他的例子，例如，在 GeoJSON 規格中，Feature 的 properties 屬性是任何可用 JSON 序列化的東西的大雜燴。所以很適合使用 unknown：

```
interface Feature {
  id?: string | number;
  geometry: Geometry;
  properties: unknown;
}
```

除了型態斷言之外，你也可以用其他方式來恢復 unknown 物件的型態，例如使用 instanceof 來檢查：

```
function processValue(val: unknown) {
  if (val instanceof Date) {
```

```
    val  // 型態是 Date
  }
}
```

你也可以使用用戶定義的 type guard：

```
function isBook(val: unknown): val is Book {
  return (
      typeof(val) === 'object' && val !== null &&
      'name' in val && 'author' in val
  );
}
function processValue(val: unknown) {
  if (isBook(val)) {
    val;  // 型態是 Book
  }
}
```

TypeScript 需要許多證據來窄化 unknown 型態：為了避免在 in 檢查式中的錯誤，你要先展示 val 是個物件型態，而且它是非 null（因為 typeof null === 'object'）。

有時你也會看到有人用泛型參數來取代 unknown。你也可以這樣宣告 safeParseYAML 函式：

```
function safeParseYAML<T>(yaml: string): T {
  return parseYAML(yaml);
}
```

但是這在 TypeScript 通常是不好的做法。它看起來與型態斷言不同，但是功能相同。比較好的做法是回傳 unknown，並強迫你的用戶使用斷言或窄化，來取得他們想要的型態。

unknown 可以在「雙斷言」中取代 any：

```
declare const foo: Foo;
let barAny = foo as any as Bar;
let barUnk = foo as unknown as Bar;
```

它們在功能上是等效的，但如果你進行重構，並分解這兩個斷言，unknown 形式的風險較小。在這種情況下，any 可能會逃逸並擴散。如果 unknown 型態逃逸了，它只會產生錯誤訊息。

最後要注意的是，你可能會看到一些程式以本項目談過的 unknown 用法來使用 object 或 {}。它們也是寬廣的型態，但是比 unknown 窄一些：

- {} 型態包含除了 null 與 undefined 之外的所有值。
- object 型態包含基本型態之外的所有型態，不包含 true 或 12 或 "foo"，但包含物件與陣列。

{} 在 unknown 型態出現之前比較常見，但現在比較少用了：除非你真的知道 null 與 undefined 不可能出現，否則不要用 {} 來取代 unknown。

請記住

- unknown 型態是 any 的型態安全替代物。你可以在你知道將會有一個值，但不知道它的型態是什麼時使用它。
- 使用 unknown 來強迫你的用戶使用型態斷言或進行型態檢查。
- 瞭解 {}、object 與 unknown 的差異。

項目 43：不要 Monkey Patching，而是採取型態安全的做法

JavaScript 最著名的功能之一就是它的物件與類別是「開放的」，意思就是你可以對它們加上任何屬性。有些人會使用這種功能，對 window 或 document 賦值，在網頁建立全域變數：

```
window.monkey = 'Tamarin';
document.monkey = 'Howler';
```

或將資料附加至 DOM 元素：

```
const el = document.getElementById('colobus');
el.home = 'tree';
```

這種風格在使用 jQuery 的程式中特別常見。

你甚至可以將屬性附加至內建的原型，產生令人嚇一跳的結果：

```
> RegExp.prototype.monkey = 'Capuchin'
"Capuchin"
> /123/.monkey
"Capuchin"
```

這些做法通常都是不好的設計。當你將資料附加至 window 或 DOM 節點時，事實上就是將它變成全域變數，很容易在無意間讓遠處的程式產生依賴關係，這意味著當你呼叫函式時，必須考慮副作用。

加入 TypeScript 會導致另一個問題：雖然型態檢查器知道 Document 與 HTMLElement 的內建屬性，但它肯定不知道你加入的屬性：

```
document.monkey = 'Tamarin';
      // ~~~~~~ 'Document' 型態沒有 'monkey' 屬性
```

修正這個問題最直接的做法是使用 any 斷言：

```
(document as any).monkey = 'Tamarin';  // OK
```

它可以滿足型態檢查器，但是你應該不會感到意外的是，它有一些缺點。如同 any 的任何一種用法，你會失去型態安全性與語言服務：

```
(document as any).monky = 'Tamarin';  // 字拼錯了也OK
(document as any).monkey = /Tamarin/;  // 型態錯了也OK
```

最好的辦法是將你的資料移出 document 或 DOM。但是如果你沒辦法做這件事（或許是你使用的程式庫需要它，或是你正在遷移 JavaScript app），你可以採取一些次佳的選項。

其中一種是使用擴增（augmentation），它是 interface 的一種特殊能力（項目 13）：

```
interface Document {
  /** monkey patch 的屬或種 */
  monkey: string;
}

document.monkey = 'Tamarin';  // OK
```

它比使用 any 還要好的地方如下：

- 你有型態安全，型態檢查器會提示拼字錯誤，或指派給錯誤的型態。
- 你可以為屬性加上註釋（項目 48）。
- 屬性有自動完成功能。
- 可確切地記載這個 monkey patch 是什麼。

在模組背景之下（也就是使用 import / export 的 TypeScript 檔案），你必須加入一個 declare global 才能讓它生效：

```
export {};
declare global {
  interface Document {
    /** monkey patch 的屬或種 */
    monkey: string;
  }
}
document.monkey = 'Tamarin';  // OK
```

使用擴增的主要問題與範圍有關。首先，擴增會全域性地套用。你不能將它藏起來不讓其他部分或程式庫看到。第二，當你在 app 運行時指派屬性，你只能在這件事發生之後才引入擴增。當你修補（patch） HTML Elements 時，這是特別嚴重的問題，因為網頁的一些元素有該屬性，但有些沒有。因此，你應該將屬性宣告為 string|undefined，它比較精確，但會讓型態比較不方便使用。

另一種做法是使用比較精確的型態斷言：

```
interface MonkeyDocument extends Document {
  /** monkey patch 的屬或種 */
  monkey: string;
}
(document as MonkeyDocument).monkey = 'Macaque';
```

使用 TypeScript 時，你可以使用型態斷言，因為 Document 與 MonkeyDocument 有相同的屬性（項目 9），而且你會在賦值時取得型態安全性，你也更容易管理範圍問題，因為你沒有全域性地修改 Document 型態，只是引入一個新型態（只有在你匯入它時，它才會在範圍內），你必須在你參考 monkey patch 過的屬性時編寫斷言（或加入新變數），但你可以以此為目標，來重構為比較結構化的東西。monkey patching 不應該**太**容易做！

請記住

- 盡量使用結構化的程式在全域變數或 DOM 儲存資料。
- 如果你必須在內建的型態儲存資料，你可以使用型態安全的做法（擴增或斷言自訂介面）。
- 瞭解擴增的範圍問題。

項目 44：追蹤型態覆蓋率，以防止再次失去型態安全性

為隱性的 any 型態的值加上型態註記，並且啟用 noImplicitAny 之後，你就不會遇到與任何型態有關的問題了嗎？答案是「否定」的，any 型態仍然會用兩種主要的方式進入你的程式：

明確的 any 型態

　即使你遵守了項目 38 與 39 的建議，讓 any 型態既狹窄且具體，它們依然是 any 型態。更明確地說，當你在 any[] 與 {[key: string]: any} 等型態裡面檢索時，它們就會變成一般的 any，而且產生的 any 型態會流經你的程式。

來自第三方的型態宣告

　這是很嚴重的隱患，因為來自 @types 宣告檔案的 any 型態會默默地進入：即使你啟用了 noImplicitAny，而且從未輸入 any，仍然會有 any 型態流經你的程式。

因為 any 型態可能對型態安全與開發體驗造成負面影響（項目 5），你必須掌握它們在你的基礎程式中的數量，你可以採取很多種做法，包括 npm 的 type-coverage 程式包：

```
$ npx type-coverage
9985 / 10117 98.69%
```

這代表在這個專案的 10,117 個代號中，有 9,985 個（98.69%）的型態不是 any 或 any 的別稱。如果你在變更程式時無意間引入 any 型態，讓它流經你的程式，你會看到這個百分比相應地下降。

在某種程度上，這個百分比代表你是否遵守本章其他項目的建議的分數。使用範圍較窄的 any 可降低 any 型態的代號的數量，使用較具體的形式，例如 any[] 也會如此。追蹤這個數字可協助你確保程式隨著時間的推移而變得更好。

就算你只查詢一次型態覆蓋資訊也可以知道一些事情。在執行 type-coverage 時使用 --detail 旗標可印出在程式中出現的每一個 any 型態：

```
$ npx type-coverage --detail
path/to/code.ts:1:10 getColumnInfo
path/to/module.ts:7:1 pt2
...
```

它們都值得調查，因為你或許可以從它們那邊找到你沒有想到的 any 來源。我們來看一些例子。

明確的 any 型態通常是你為了貪求一時方便而選擇的結果，或許是你看到一個型態錯誤，但不想要花時間處理它，或許是你還沒有寫出那一個型態，或許是你在趕時間。

any 型態斷言會阻止型態流向它們本該去的地方，或許你寫了一個處理表格資料的 app，而且需要一個「單參數函式」來建立某種欄位說明：

```
function getColumnInfo(name: string): any {
  return utils.buildColumnInfo(appState.dataSchema, name);  // 回傳 any
}
```

utils.buildColumnInfo 函式會在某個時刻回傳 any，為了幫助記憶，你為函式加上一個註釋，以及一個明確的「: any」註記。

但是，在幾個月之內，你也為 ColumnInfo 加入一個型態，且 utils.buildColumnInfo 再也不回傳 any 了。現在 any 註記已經拋棄有價值的型態資訊了。扔掉它！

第三方的 any 型態可能會以幾種形式進入，但最極端的是你讓整個模組使用一個 any 型態：

```
declare module 'my-module';
```

現在你可以從 my-module 匯入任何東西且不會產生錯誤訊息。這些代號全部都是 any 型態，而且當你用它們來傳值時，它們會造成更多 any 型態：

```
import {someMethod, someSymbol} from 'my-module';  // OK

const pt1 = {
  x: 1,
  y: 2,
}; // 型態是 {x: number, y: number}
const pt2 = someMethod(pt1, someSymbol);  // OK，pt2 的型態是 any
```

因為這種用法看起來與型態良好的模組一模一樣，所以你很容易忘記你已經移除模組了，或者，你的同事做了這件事，而且你沒有在第一時間知道。所以它們值得我們不時地回顧，或許模組有官方的型態宣告可用，或者你更瞭解模組了，所以可以自行編寫型態，並將它們回饋給社群。

使用第三方宣告造成 any 的另一種來源是當型態內有 bug 時。或許宣告式沒有遵守項目 29 的建議，宣告一個函式來回傳聯合型態，但事實上它回傳的是更具體的東西。當你初次使用這個函式時，它看起來不值得修正，所以你使用了 any 斷言，但是接下來宣告式可能被修正了，或者，也許是時候到了，你該自行修正它們了！

導致你使用 any 型態的原因可能再也不存在了，或許現在有一種型態可以插入你之前使用 any 的地方，或許有個不安全的型態斷言已經用不到了，或許你正在處理的型態宣告式裡面的 bug 已經被修正了。追蹤你的型態覆蓋率可突顯這些選擇，並鼓勵你持續回顧它們。

請記住

- 即使使用 noImplicitAny 集合，any 型態依然會進入你的程式碼，無論是透過明確的 any，還是第三方的型態宣告（@types）。
- 追蹤程式有沒有好的型態設計可以鼓勵你重新思考使用 any 的決定，並且隨著時間的過去提升型態安全性。

第六章

型態宣告與 @types

依賴項目管理（dependency management）在任何語言中都可能令人難以理解，在 TypeScript 中也不例外。本章將協助你認識 TypeScript 的依賴項目如何運作，並告訴你如何處理它們可能帶來的一些問題。本章也會協助你建立自己的型態宣告檔案，發布它，以及與別人共享。藉著寫出絕佳的型態宣告式，你不但可以幫助你自己的專案，也可以幫助整個 TypeScript 社群。

項目 45：將 TypeScript 與 @types 放入 devDependencies

Node Package Manager，即 npm，已遍布整個 JavaScript 世界，它不但提供 JavaScript 程式庫的存放區（npm registry），也提供一種指定版本的方式（*package.json*）。

npm 將依賴項目分成幾個不同的類型，每一個都位於 *package.json* 的獨立部分：

`dependencies`

它們是執行 JavaScript 所需的程式包。如果你在執行期匯入 `lodash`，它就會在 `dependencies` 裡面。當你在 npm 公布程式，而且有其他的用戶安裝它時，它也會安裝這些依賴項目（它們稱為傳遞性依賴項目）。

`devDependencies`

這些程式包是用來開發與測試程式的，不是在執行期使用的。你的測試框架就是一種 `devDependency`。與 `dependencies` 不同的是，它們**不會**隨著你的程式包傳遞性地安裝。

`peerDependencies`

　它們是執行期需要，但你不想要追蹤的程式包，外掛程式是一種典型的例子。你的 jQuery 外掛與許多種 jQuery 本身的版本相容，但你想要讓使用者選擇其中一個，而不是由你為他們選擇。

在這些類型之中，`dependencies` 與 `devDependencies` 是目前為止最常見的。當你使用 TypeScript 時，你要注意你正在加入哪一種依賴項目。因為 TypeScript 是一種開發工具，且 TypeScript 的型態在執行期不存在（項目 3），與 TypeScript 有關的程式包通常屬於 `devDependencies`。

我們要考慮的第一種依賴項目就是 TypeScript 本身。你可以為整個系統安裝 TypeScript，但是這種做法通常不太好，主因有二：

- 你無法保證同事安裝的版本一定與你一樣。
- 它會增加一個專案設定步驟。

請將 TypeScript 改為 `devDependency`，如此一來，當你執行 `npm install` 時，你和同事一定可以得到正確的版本，而且更新 TypeScript 版本的做法與更新任何其他程式包一樣。

你的 IDE 與組建工具將會開心地發現用這種方式來安裝的 TypeScript 版本。你可以在命令列使用 `npx` 來執行 npm 安裝的 `tsc` 的版本：

```
$ npx tsc
```

下一個要考慮的依賴項目類型是**型態依賴項目**或 `@types`。如果程式庫本身沒有附帶 TypeScript 型態宣告，或許你可以在 DefinitelyTyped 找到型態，DefinitelyTyped 是一種由社群維護的 JavaScript 程式庫的型態定義集。DefinitelyTyped 的型態定義是在 npm registry 的 `@types` 區域底下公布的：`@types/jquery` 有 jQuery 的型態定義，`@types/lodash` 有 Lodash 的型態，以此類推。這些 `@types` 程式包只包含**型態**，不包含實作。

你的 `@types` 依賴項目應該也是 `devDependencies`，即使程式包本身是直接依賴項目。例如，若要使用 React 與它的型態宣告，你可能會執行：

```
$ npm install react

$ npm install --save-dev @types/react
```

產生這樣的 *package.json* 檔案：

```
{
  "devDependencies": {
    "@types/lodash": "^16.8.19",
    "typescript": "^3.5.3"
  },
  "dependencies": {
    "react": "^16.8.6"
  }
}
```

這個項目要說的是，你應該公布 JavaScript，不是 TypeScript，而且當你執行你的 JavaScript 時，它不能依靠 `@types`。使用 `@types` 依賴項目可能會讓幾件事出錯，下一個項目會探討這個主題。

請記住

- 不要為整個系統安裝 TypeScript。讓 TypeScript 成為你的專案的 `devDependency`，以確保團隊的每位成員都使用一致的版本。
- 將 `@types` 依賴項目放入 `devDependencies`，而不是 `dependencies`。如果你在執行期需要 `@types`，你可能要重新調整你的程序。

項目 46：瞭解涉及型態宣告的三種版本

大部分的軟體開發人員都不喜歡管理依賴項目，通常我們只想要使用程式庫，也不會仔細考慮它的傳遞性依賴項目與我們的是否相容。

壞消息是，TypeScript 無法挽救這種情況，事實上，它會讓依賴項目管理起來更複雜。因為現在你不只要關心一個版本，而是三個：

- 程式包的版本
- 它的型態宣告的版本（`@types`）
- TypeScript 的版本

如果任何一個版本沒有和其他的版本保持同步，你可能會遇到與依賴項目管理沒有明顯關係的錯誤。但俗話說「簡化一切，但不要過於簡單」。瞭解 TypeScript 程式包管理的複雜性可協助你診斷與修正問題，也可以協助你在發表自己的型態宣告時，做出更明智的決定。

下面是依賴項目在 TypeScript 中的工作方式。你要將程式包安裝為直接依賴項目，而且你要將它的型態安裝成開發（dev）依賴項目（見項目 45）：

```
$ npm install react
+ react@16.8.6

$ npm install --save-dev @types/react
+ @types/react@16.8.19
```

請注意，它們的 major 與 minor 版本（`16.8`）相符，但是 patch 版本（`.6` 與 `.19`）不相符，這正是你想要看到的東西。在 `@types` 版本中 `16.8` 代表這些型態宣告式描述 `react` 版本 `16.8` 的 API。如果 `react` 模組遵守良好的語義版本控制習慣，patch 版本（`16.8.1`、`16.8.2`⋯）不會改變它的公用 API，也不需要更改型態宣告，但是型態宣告**本身**可能有 bug 或遺漏，`@types` 模組的 patch 版本正是為了處理它們所做的修正與添加。在這個例子中，型態宣告被更新的次數比程式庫本身多很多（19 vs. 6）。

這可能會造成幾項問題。

首先，你可能會更新程式庫，但忘了更新它的型態宣告。此時，當你試著使用程式庫的新功能時，將會看到型態錯誤資訊。如果程式庫有破壞性變動，你可能會看到執行期錯誤，儘管你的程式已經通過型態檢查了。

解決的辦法通常是更新型態宣告，讓版本恢復同步。如果型態宣告沒有被更新，你有幾種選擇。你可以在自己的專案裡面使用擴增來加入你想要使用的新函式與方法，也可以將更新過的型態宣告回饋給社群。

第二，你的型態宣告可能領先你的程式庫。這件事可能會在你使用一個程式庫，但不使用它的型態宣告（或許是你用 `declare module` 來給它一個 `any` 型態），而且試著之後再安裝它們時發生。如果有新版的程式庫與型態宣告被發布出來，你的版本可能會不同步。這個問題的症狀與第一種相似，只是剛好相反。型態檢查器會拿你的程式碼與最新的 API 做比較，但是你在執行期將會使用舊的。解決辦法是升級程式庫或降級型態宣告，直到它們相符為止。

第三，型態宣告可能需要比專案使用的 TypeScript 更新的版本。大多數的 TypeScript 型態系統之所以被開發出來，都是為了更精確地支援熱門的 JavaScript 程式庫，例如

Lodash、React 與 Ramda，所以為這些程式庫而撰寫的型態宣告想要使用最新且最棒的功能來讓型態更安全。

如果發生這種情況，你會在 @types 宣告本身看到它以型態錯誤的形式出現。解決辦法是更新你的 TypeScript 版本、使用舊版的型態宣告，或是（如果你真的無法更新 TypeScript）用 declare module 來剔除型態。程式庫可能用 typesVersions 為不同的 TypeScript 版本提供不同的型態宣告，但是這種情況不常見：在行文至此時，在 DefinitelyTyped 只有低於 1% 的程式包這樣做。

要為特定版本的 TypeScript 安裝 @types，你可以使用：

```
npm install --save-dev @types/lodash@ts3.1
```

雖然大家都盡量讓程式庫的版本及其型態的版本相符，但結果不一定都是如此，但是程式庫越熱門，它的型態宣告越有可能是正確的。

第四，你最終可能使用重複的 @types 依賴項目。假如你使用 @types/foo 與 @types/bar，如果 @types/bar 需要使用不相容的 @types/foo 版本，npm 會試著安裝兩個版本來處理這種情況，其中一個在嵌套的資料夾內：

```
node_modules/
  @types/
    foo/
      index.d.ts @1.2.3
    bar/
      index.d.ts
      node_modules/
        @types/
          foo/
            index.d.ts @2.3.4
```

雖然這種做法對於在執行期使用的節點（node）模組而言沒有問題，但它對生活在平面全域名稱空間的型態宣告而言幾乎都不會產生好結果。你會看到它變成關於「重複宣告」或「宣告無法合併」之類的錯誤。你可以執行 npm ls @types/foo 來找出為何有重複的型態宣告。解決的辦法通常是更新你和 @types/foo 或 @types/bar 的依賴關係，讓它們是相容的。這種傳遞性的 @types 依賴關係通常是問題的根源。如果你要發布型態，見項目 51 來瞭解如何避免它們。

有些程式包（尤其是以 TypeScript 寫成的）會將它們自己的型態宣告捆綁起來，且通常會在它們的 *package.json* 裡面，用一個指向 *.d.ts* 檔案的 "types" 欄位來指出它：

```
{
  "name": "left-pad",
  "version": "1.3.0",
  "description": "String left pad",
  "main": "index.js",
  "types": "index.d.ts",
  // ...
}
```

這可以解決所有的問題嗎？如果答案是肯定的，我需要問這個問題嗎？

將型態捆綁起來確實**可以**解決版本不相符的問題，尤其是當程式庫本身是用 TypeScript 寫成的，而且型態宣告是 `tsc` 產生的時候。但是捆綁本身是有問題的。

首先，如果被捆綁的型態裡面有錯誤，而且無法用擴增來修正呢？或者，型態在它們被發布時沒問題，但是之後釋出的新版 TypeScript 指出它有問題。使用 `@types` 可讓你依賴程式庫的實作，且不依賴它的型態宣告，但使用捆綁起來的型態時，你就不能這樣做了。你可能會因為一個不良的型態宣告而持續使用舊版的 TypeScript。與它對比的是 DefinitelyTyped：當 Microsoft 開發 TypeScript 時，曾經用 TypeScript 來執行 DefinitelyTyped 的所有型態宣告，以快速地修正問題。

其次，如果你的型態需要另一個程式庫的型態宣告呢？通常這是 `devDependency`（項目 45）。但是當你已經發布模組，而且有別的用戶安裝它時，他們將無法取得你的 `devDependencies`，導致型態錯誤。另一方面，你可能也不想要讓它成為直接依賴項目，因為如此一來，你的 JavaScript 用戶就必須無端安裝 `@types` 模組。項目 51 將討論這種清況的標準解決方式。但如果你在 DefinitelyTyped 發表型態，這完全不是問題：你可以在那裡宣告你的型態依賴項目，而且只有你的 TypeScript 用戶會得到它。

第三，如果你需要用舊版程式庫的型態宣告來修正某個問題呢？你可以回到之前的版本，並釋出 patch 更新嗎？ DefinitelyTyped 有一個機制可以為同一個程式庫的不同版本同時維護型態宣告，這是你很難在自己的專案中做到的事情。

第四，你有多麼堅持接收型態宣告的 patch ？還記得這個項目開頭的 `react` 與 `@types/react` 版本嗎？型態宣告的 patch 更新比程式庫本身多三倍。DefinitelyTyped 是由社群維護的，能夠處理這種數量。更明確地說，如果維護程式庫的人在五天內沒有查看 patch，全域的維護者就會這樣做。你可以承諾你的程式庫有類似的周轉時間嗎？

在 TypeScript 中管理依賴項目是項挑戰，但它有一些好處：寫得好的型態宣告可以協助你瞭解如何正確地使用程式庫，並且用它們來大幅提升生產力。當你遇到依賴項目管理問題時，請記得三個版本。

如果你想要發布程式包，請衡量捆綁型態宣告 vs. 在 DefinitelyTyped 發布它們的優缺點。官方建議除非程式庫是用 TypeScript 寫成的，否則不要捆綁型態宣告。這種做法在實務上很有效，因為 `tsc` 可以自動為你生成型態宣告（使用 `declaration` 編譯器選項）。對 JavaScript 程式庫而言，親自宣告型態比較可能包含錯誤，所以需要更常更新。如果你在 DefinitelyTyped 發表型態宣告，社群可以協助你支援與維護它們。

請記住

- `@types` 依賴項目涉及三種版本：程式庫版本、`@types` 版本，以及 TypeScript 版本。
- 當你更新程式庫時，務必更新對應的 `@types`。
- 瞭解捆綁型態 vs. 在 DefinitelyTyped 發布它們的優缺點。如果你的程式庫是用 TypeScript 寫成的時，盡量捆綁型態，否則使用 DefinitelyTyped。

項目 47：匯出公用 API 的所有型態

當你使用 TypeScript 一段時間之後，你會發現自己只是因為第三方模組沒有匯出裡面的型態或介面而使用它。幸好 TypeScript 有豐富的工具可以在不同的型態之間進行對映，因此身為程式庫的用戶，你幾乎一定可以找到方法參考你想要的型態。作為一位程式庫作者，這代表你應該匯出型態來讓人用它開始工作。如果一個型態出現在函式宣告式裡面，它實際上就被匯出了。所以你也要明確地展示這些事情。

假如你想要建立一些私密的、不想要匯出的型態：

```
interface SecretName {
  first: string;
  last: string;
}

interface SecretSanta {
  name: SecretName;
  gift: string;
}

export function getGift(name: SecretName, gift: string): SecretSanta {
  // ...
}
```

作為模組的用戶，我無法直接匯入 SecretName 或 SecretSanta，只能匯入 getGift。但是這不會產生問題，因為在這個被匯出的函式簽章裡面有那兩個型態，所以我可以提取它們，其中一種做法是使用 Parameters 與 ReturnType 泛型型態：

```
type MySanta = ReturnType<typeof getGift>;  // SecretSanta
type MyName = Parameters<typeof getGift>[0];  // SecretName
```

如果你不匯出這些型態是為了保留彈性，你就破功了！因為你已經藉著將它們放在公用的 API 裡面揭露它們了。幫幫你的用戶，匯出它們。

請記住

- 將出現在任何公用方法裡面的任何形式的型態匯出，讓你的用戶可以用任何方式提取它們，同時方便他們做這件事。

項目 48：使用 TSDoc 來註釋 API

這是產生歡迎詞的 TypeScript 函式：

```
// 產生歡迎詞。結果會被格式化，以供顯示。
function greet(name: string, title: string) {
  return `Hello ${title} ${name}`;
}
```

作者貼心地用一個註釋來說明這個函式的功能。但是如果你的文字是想要讓函式的使用者閱讀的，比較好的做法是使用 JSDoc 風格的註釋：

```
/** 產生歡迎詞。結果會被格式化，以供顯示。*/
function greetJSDoc(name: string, title: string) {
  return `Hello ${title} ${name}`;
}
```

原因是編輯器有一個傳統的功能：在函式被呼叫時顯示 JSDocstyle 註釋（見圖 6-1）。

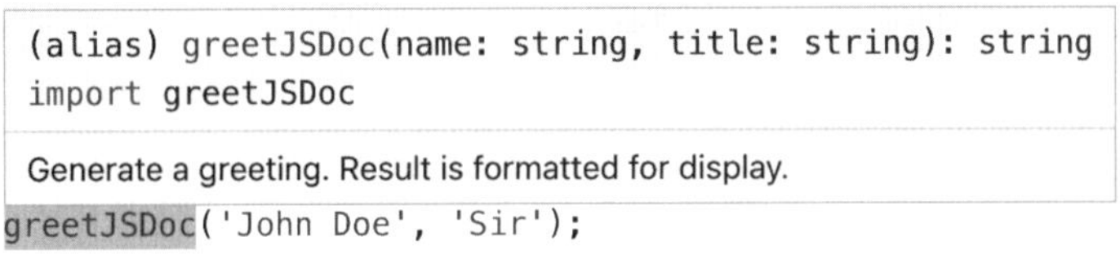

```
(alias) greetJSDoc(name: string, title: string): string
import greetJSDoc

Generate a greeting. Result is formatted for display.
greetJSDoc('John Doe', 'Sir');
```

圖 6-1　JSDoc 風格的註釋通常會在編輯器的提示工具中顯示出來

但編輯器不會這樣子對待行內註釋（見圖 6-2）。

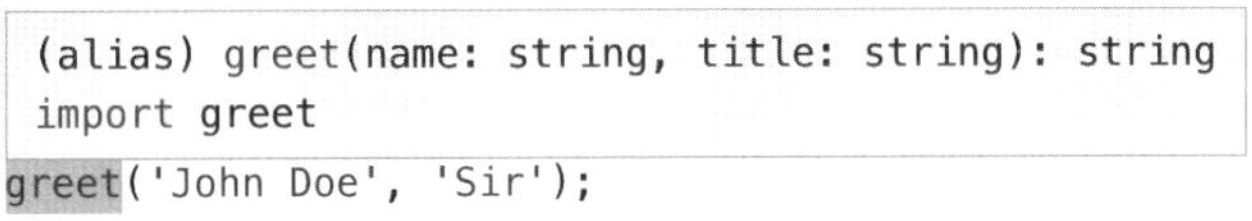

```
(alias) greet(name: string, title: string): string
import greet
greet('John Doe', 'Sir');
```

圖 6-2　行內註釋通常不會在提示工具中顯示

TypeScript 語言服務支援這種傳統，你應該活用它。如果註釋介紹的是公用 API，你就要將它寫成 JSDoc。在 TypeScript 的背景下，這些註釋有時稱為 TSDoc。你可以使用許多常見的規範，例如 @param 與 @returns：

```
/**
 * 生成歡迎詞。
 * @param name Name of the person to greet
 * @param salutation The person's title
 * @returns A greeting formatted for human consumption.
 */
function greetFullTSDoc(name: string, title: string) {
  return `Hello ${title} ${name}`;
}
```

它可以讓編輯器在你撰寫函式呼叫式時顯示各個參數的說明（見圖 6-3）。

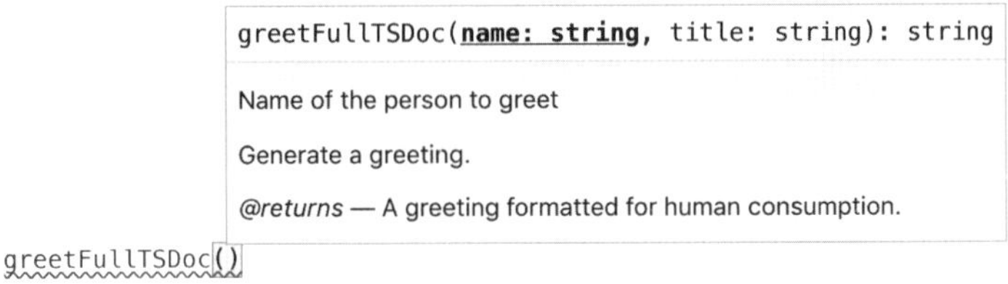

```
greetFullTSDoc(name: string, title: string): string

Name of the person to greet

Generate a greeting.

@returns — A greeting formatted for human consumption.
greetFullTSDoc()
```

圖 6-3　@param 註記可讓編輯器顯示你正在輸入的參數的說明

你也可以在定義型態時使用 TSDoc：

```
/** A measurement performed at a time and place. */
interface Measurement {
  /** Where was the measurement made? */
  position: Vector3D;
  /** When was the measurement made? In seconds since epoch. */
  time: number;
  /** Observed momentum */
  momentum: Vector3D;
}
```

當你查看 Measurement 物件裡面的各個欄位時，你可以得到背景說明（見圖 6-4）。

```
const m: Measurement = {
  (property) Measurement.time: number
  When was the measurement made? In seconds since epoch.
  time: (new Date().getTime()) / 1000,
  position: {x: 0, y: 0, z: 0},
  momentum: {x: 1, y: 2, z: 3},
};
```

圖 6-4 當你在編輯器內將滑鼠移到一個欄位時，可以看到該欄位的 TSDoc

TSDoc 註釋會用 Markdown 來格式化，所以如果你想要使用粗體、斜體，或加上項目符號的清單，可以這樣做（見圖 6-5）：

```
/**
 * This _interface_ has **three** properties:
 * 1. x
 * 2. y
 * 3. z
 */
interface Vector3D {
 x: number;
 y: number;
 z: number;
}
```

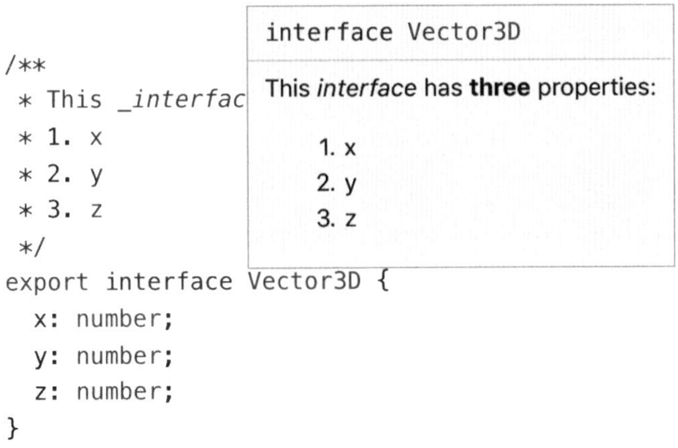
/**
* This _interfac
* 1. x
* 2. y
* 3. z
*/
export interface Vector3D {
x: number;
y: number;
z: number;
}
interface Vector3D
This *interface* has **three** properties:
1. x
2. y
3. z

圖 6-5 TSDoc 註釋

但是盡量不要長篇大論：最佳的註釋是簡潔扼要的。

JSDoc 有一些指定型態資訊的規範（`@param {string} name ...`），請避免使用它們，以支援 TypeScript 型態（項目 30）。

請記住

- 使用 JSDoc/TSDoc 格式的註釋來說明匯出的函式、類別與型態，以協助編輯器在適當的時候為你的使用者顯示資訊。
- 使用 `@param`、`@returns` 與 Markdown 來格式化。
- 不要在註釋中加入型態資訊（見項目 30）。

項目 49：在回呼為 this 指定型態

JavaScript 的 `this` 關鍵字是這種語言最令人難以理解的部分之一。使用 `let` 或 `const` 宣告的變數具備語彙範圍，但是 `this` 具備動態範圍：它的值並非取決於它被**定義**的方式，而是它被**呼叫**的方式。

大家經常在類別中使用 `this` 來參考當前的物件實例：

```
class C {
  vals = [1, 2, 3];
  logSquares() {
    for (const val of this.vals) {
      console.log(val * val);
    }
  }
}

const c = new C();
c.logSquares();
```

它會顯示：

```
1
4
9
```

看看當你將 logSquares 放入變數並呼叫變數時會如何：

```
const c = new C();
const method = c.logSquares;
method();
```

這個版本會在執行期丟出錯誤：

```
Uncaught TypeError: Cannot read property 'vals' of undefined
```

原因在於，c.logSquares() 其實做了兩件事：它會呼叫 C.prototype.logSquares，並且在那個函式裡面將 this 的值綁定 c。因為你拉出指向 logSquares 的參考，它們被分開了，使得 this 被設為 undefined。

JavaScript 可以讓你完全控制 this 的綁定。你可以使用 call 來明確地設定 this 並修正這個問題：

```
const c = new C();
const method = c.logSquares;
method.call(c);  // 又可以 log 平方值了
```

this 不一定要綁定 C 的實例，它也可以綁定任何東西。所以程式庫可以在它們的 API 的一部分中使用 this 的值，也確實這樣做。甚至連 DOM 都採取這種用法，例如在事件處理程式：

```
document.querySelector('input')!.addEventListener('change', function(e) {
  console.log(this);  // log 觸發事件的輸入元素。
});
```

this 綁定經常出現在這種回呼背景之中。例如，你可能會這樣子在類別中定義 onClick 處理程式：

```
class ResetButton {
  render() {
    return makeButton({text:'Reset', onClick: this.onClick});
  }
  onClick() {
    alert(`Reset ${this}`);
  }
}
```

當 Button 呼叫 onClick 時會出現「Reset undefined」警告訊息，哎呀！罪魁禍首同樣是 this 綁定。

```
class ResetButton {
  constructor() {
    this.onClick = this.onClick.bind(this);
  }
  render() {
    return makeButton({text:'Reset', onClick: this.onClick});
  }
  onClick() {
    alert(`Reset ${this}`);
  }
}
```

onClick() { ... } 在 ResetButton.prototype 裡面定義一個屬性，讓 ResetButton 的所有實例共用。當你在建構式中綁定 this.onClick = ... 之後，它會在 ResetButton 實例建立一個稱為 onClick 的屬性，並將 this 綁定那個實例。因為 onClick 實例屬性的順序在 onClick 原型屬性之前，所以在 render() 方法裡面，this.onClick 引用的是綁定的函式。

綁定有一種有時很方便的簡寫：

```
class ResetButton {
  render() {
    return makeButton({text: 'Reset', onClick: this.onClick});
  }
  onClick = () => {
```

```
    alert(`Reset ${this}`);  // "this" 一定代表 ResetButton 實例
  }
}
```

我們將 onClick 換成箭頭函式，它會在每次你將 this 設為適當的值來建構 ResetButton 時定義一個新函式。看一下它產生的 JavaScript 可讓你知道事情的來龍去脈：

```
class ResetButton {
  constructor() {
    var _this = this;
    this.onClick = function () {
      alert("Reset " + _this);
    };
  }
  render() {
    return makeButton({ text: 'Reset', onClick: this.onClick });
  }
}
```

這和 TypeScript 有什麼關係？因為這個綁定是 JavaScript 的一部分，所以 TypeScript 會模擬它。這意味著，當你撰寫（或輸入）的程式庫會在回呼中設定 this 的值時，你也要模擬它。

你可以為回呼加上一個 this 參數來做這件事：

```
function addKeyListener(
  el: HTMLElement,
  fn: (this: HTMLElement, e: KeyboardEvent) => void
) {
  el.addEventListener('keydown', e => {
    fn.call(el, e);
  });
}
```

這個 this 參數很特別，它不僅是另一個位置（positional ）引數，當你試著用兩個參數來呼叫它時，你可以看到：

```
function addKeyListener(
  el: HTMLElement,
  fn: (this: HTMLElement, e: KeyboardEvent) => void
) {
  el.addEventListener('keydown', e => {
    fn(el, e);
```

```
        // ~ 期望收到 1 個引數，但有 2 個
    });
  }
```

更棒的是，TypeScript 會強迫你用正確的 this 背景來呼叫函式：

```
function addKeyListener(
  el: HTMLElement,
  fn: (this:HTMLElement, e:KeyboardEvent) => void
) {
  el.addEventListener('keydown', e => {
    fn(e);
  // ~~~~~ 'void' 型態的 'this' 背景不能指派給
  // 方法的 'HTMLElement' 型態的 'this'
   });
}
```

作為這個函式的使用者，你可以在回呼中參考 this，並且獲得百分之百的型態安全：

```
declare let el: HTMLElement;
addKeyListener(el, function(e) {
  this.innerHTML;  // OK，"this" 的型態是 HTMLElement
});
```

當然，如果你在這裡使用箭頭函式，你會覆寫 this 的值。TypeScript 可以抓到這個問題：

```
class Foo {
  registerHandler(el: HTMLElement) {
    addKeyListener(el, e => {
      this.innerHTML;
        // ~~~~~~~~~  'Foo' 型態沒有 'innerHTML' 屬性
    });
  }
}
```

別忘了 this！如果你在你的回呼中設定 this 的值，它就是你的 API 的一部分，你應該提供它的型態。

請記住

- 瞭解 this 綁定的運作方式。
- 當 this 是 API 的一部分時，在回呼中提供它的型態。

項目 50：優先使用條件型態，而不是多載的宣告

如何為這個 JavaScript 函式編寫型態宣告？

```
function double(x) {
  return x + x;
}
```

因為 double 可接收 string 或 number，所以你可能會使用聯集型態：

```
function double(x: number|string): number|string;
function double(x: any) { return x + x; }
```

（這些例子都使用 TypeScript 的函式多載概念。如果你需要複習，請參考項目 3。）

雖然這個宣告是正確的，但它不太嚴謹：

```
const num = double(12);  // string | number
const str = double('x');  // string | number
```

當 double 收到一個 number 時，它會回傳一個 number，當它收到一個 string 時，它會回傳一個 string。這個宣告錯過了這個細微的差別，產生難以使用的型態。

你可能會用泛型來代表這種關係：

```
function double<T extends number|string>(x: T): T;
function double(x: any) { return x + x; }

const num = double(12);  // 型態是 12
const str = double('x');  // 型態是 "x"
```

遺憾的是，我們對於精確度的追求過頭了。現在型態有點**太**精確了。當這個 double 宣告式收到 string 型態時，它會產生 string 型態，這沒錯，但是當它收到字串**常值**型態時會回傳同一個字串常值型態，這是錯的：雙重 'x' 應該產生 'xx'，不是 'x'。

另一種做法是提供多個型態宣告式。雖然 TypeScript 只允許你為一個函式撰寫一個實作，但它允許你撰寫任意數量的型態宣告式。你可以用它來改善 double 的型態：

```
function double(x: number): number;
function double(x: string): string;
function double(x: any) { return x + x; }
```

```
const num = double(12);  // 型態是 number
const str = double('x');  // 型態是 string
```

有進步了！但是這個宣告對嗎？很遺憾，仍然有個不易察覺的 bug。這個型態宣告可處理 string 或 number 值，但不能處理兩者兼具的值：

```
function f(x: number|string) {
  return double(x);
             // ~ 'string | number' 型態的引數不能指派給
             //   'string' 型態的參數
}
```

這樣呼叫 double 應該是安全的，而且應該回傳 string|number。當你多載型態宣告時，TypeScript 會一個一個處理它們，直到找到相符的為止。你看到的錯誤是最後一個多載（string 版本）失敗的結果，因為 string|number 不能指派給 string。

雖然你可以加入第三個 string|number 多載來掩蓋這個問題，但最好的做法是使用**條件型態**。條件型態就像型態世界中的 if 陳述式（條件式）。它們非常適合這個必須處理好幾種可能性的情況：

```
function double<T extends number | string>(
  x: T
): T extends string ? string : number;
function double(x: any) { return x + x; }
```

它很像第一次用泛型來指定 double 的型態時的做法，但它有更縝密的回傳型態。你可以將條件型態視為 JavaScript 的三元（?:）運算子：

- 若 T 是 string 的子集合（例如 string 或字串常值或字串常值的聯集），則回傳型態為 string。
- 否則回傳 number。

這樣宣告之後，所有例子都可以正常運作了：

```
const num = double(12);  // number
const str = double('x');  // string

// function f(x: string | number): string | number
function f(x: number|string) {
  return double(x);
}
```

number|string 例子成功的原因是條件型態遍布整個聯集。當 T 是 number|string 時，TypeScript 會這樣子解析條件型態：

```
   (number|string) extends string ? string : number
-> (number extends string ? string : number) |
   (string extends string ? string : number)
-> number | string
```

雖然使用多載的型態宣告比較容易撰寫，但使用條件型態的版本比較正確，因為它可以推廣至各個案例的聯集，這也通常是使用多載的情況。多載是被分別對待的，但型態檢查器可以將條件型態解析為一個表達式，讓它們遍布整個聯集。當你編寫多載的型態宣告時，請思考一下使用條件型態會不會比較好。

請記住

- 優先使用條件型態，而不是多載的型態宣告。藉著遍布整個聯集，條件型態可讓你的宣告式支援聯集型態，而不需要額外的多載。

項目 51：將型態映射至伺服器依賴關係

假如你寫了一個解析 CSV 檔案的程式庫，它的 API 很簡單，可讓你傳入 CSV 檔案的內容，並取回一個物件串列，裡面的物件可將欄位名稱對映至值。為了方便 NodeJS 用戶，你容許內容是 string 或 NodeJS Buffer：

```
function parseCSV(contents: string | Buffer): {[column: string]: string}[] {
  if (typeof contents === 'object') {
    // 這是 buffer
    return parseCSV(contents.toString('utf8'));
  }
  // ...
}
```

Buffer 的型態定義來自 NodeJS 型態宣告，你必須安裝它：

```
npm install --save-dev @types/node
```

當你發表 CSV 解析程式庫時，你也納入型態宣告。因為你的型態宣告需要依靠 NodeJS 型態，你將它們納入 devDependency（項目 45）。如果你這樣做，你可能會收到兩群用戶的抱怨：

- 想要知道他們所依賴的 `@types` 模組是什麼的 JavaScript 開發者。
- 想要知道為何他們要依靠 NodeJS 的 TypeScript web 開發者。

這些抱怨都很合理。`Buffer` 行為不是必要的，與它有關的只有已經使用 NodeJS 的使用者，而且在 `@types/node` 裡面的宣告式只和使用 TypeScript 的 NodeJS 使用者有關。

TypeScript 的 structural typing（項目 4）可以幫助你脫離困境。與其使用 `@types/node` 的 `Buffer` 的宣告，你可以只用你需要的方法與屬性來編寫你自己的宣告。在這個例子中，它只是個接收 encoding 的 `toString` 方法：

```
interface CsvBuffer {
  toString(encoding: string): string;
}
function parseCSV(contents: string | CsvBuffer): {[column: string]: string}[] {
  // ...
}
```

這個介面比較完整的短很多，但它確實抓住我們對於 `Buffer` 的（小小）需求。在 NodeJS 專案中，用真正的 `Buffer` 來呼叫 `parseCSV` 仍然是 OK 的，因為型態是相容的：

```
parseCSV(new Buffer("column1,column2\nval1,val2", "utf-8"));  // OK
```

如果你的程式庫只依靠另一個程式庫的型態，而不是它的實作，你可以考慮只將你需要的宣告複製到你自己的程式中，這會讓你的 TypeScript 使用者產生類似的體驗，並且讓所有其他人有更好的體驗。

如果你需要依靠程式庫的實作，或許可以採取同一種做法來避免依靠它的型態定義。但是這種做法會隨著依賴項目越來越大且越來越重要而越來越困難。如果你要複製另一個程式庫的大多數型態宣告，你可能需要展示 `@types` 依賴項目來將關係形式化（formalize）。

這項技術也有助於切斷單元測試和生產系統之間的依賴關係，見項目 4 的 `getAuthors` 範例。

請記住

- 使用 structural typing 來提供非必要的依賴項目。
- 不要強迫 JavaScript 使用者依靠 `@types`。不要強迫 web 開發者依靠 NodeJS。

項目 52：注意測試型態的陷阱

在正式發表程式之前，你會先幫它寫好測試程式（我是這樣子希望的！），同樣的道理，你也不應該不幫型態宣告編寫測試程式就發表它。但你該如何測試型態？如果你是型態宣告的作者，測試至關重要，但也充滿困難。我們很容易在型態系統中使用 TypeScript 提供的工具來加上關於型態的斷言，但是這種做法有幾個陷阱，畢竟，比較安全且直接的做法，是使用 dtslint 或類似的工具，從型態系統外面檢查型態。

假如你已經為程式庫提供的 map 函式（熱門的 Lodash 與 Underscore 程式庫都提供這種函式）寫了型態宣告：

```
declare function map<U, V>(array: U[], fn: (u:U) => V): V[];
```

如何確認這個型態宣告產生預期的型態？（假設已經有針對實作的獨立測試了。） 有一種常見的技術是寫一個呼叫這個函式的測試檔案：

```
map(['2017', '2018', '2019'], v => Number(v));
```

它可以做一些簡單的錯誤檢查：如果你的 map 宣告式只列出一個參數，它可以抓到錯誤。但你有沒有覺得少了什麼東西？

相應風格的執行期行為測試類似這樣：

```
test('square a number', () => {
  square(1);
  square(2);
});
```

雖然它有檢測 square 函式不會丟出錯誤訊息，但是它沒有對回傳值做任何檢查，所以沒有真正地測試行為。錯誤的 square 程式仍然會通過這個測試。

這種做法經常被用來測試型態宣告檔案，因為複製既有的、針對程式庫的單元測試很簡單。儘管它的確有一些價值，但實際檢查型態比較好！

有一種做法是將結果指派給特定型態的變數：

```
const lengths: number[] = map(['john', 'paul'], name => name.length);
```

這是項目 19 鼓勵你移除多餘的型態宣告。但是它在這裡扮演重要的角色：它可以讓你相信 map 宣告至少對型態做了一些正確的處理。而且事實上，在 DefinitelyTyped 裡面的許多型態宣告也是用這種做法來測試。但是，接下來你會看到，藉由賦值來進行測試有一些根本上的問題。

其中一種問題是你必須建立一個應該用不到的具名變數。這會加入樣板程式（boilerplate），但也代表你必須停用某種 linting。

有一種常見的解決辦法是定義一個協助函式：

```
function assertType<T>(x: T) {}

assertType<number[]>(map(['john', 'paul'], name => name.length));
```

雖然它可以去除一些無用途的變數，但仍然會造成一些意外。

第二個問題是，我們檢查的是兩種型態的**可賦值性**，而不是相等性，這種做法通常可以如你預期地運作。例如：

```
const n = 12;
assertType<number>(n);  // OK
```

當你檢查 `n` 代號時，你會看到它的型態其實是 `12`，是個數值常值型態，它是 `number` 的子型態，所以通過可賦值性檢查，如你預期。

到目前為止一切都很順利。但是當你開始檢查物件的型態時，事情就走樣了：

```
const beatles = ['john', 'paul', 'george', 'ringo'];
assertType<{name: string}[]>(
  map(beatles, name => ({
    name,
    inYellowSubmarine: name === 'ringo'
  })));  // OK
```

`map` 呼叫式回傳 `{name: string, inYellowSubmarine: boolean}` 物件組成的陣列。它當然可以指派給 `{name: string}[]`，但我們難道不該被迫確認 yellow submarine 嗎？這取決於你的背景想不想要真正檢測型態的相等性。

如果你的函式回傳的是另一個函式，你可能會被它認為可賦值的東西嚇一跳：

```
const add = (a: number, b: number) => a + b;
assertType<(a: number, b: number) => number>(add);  // OK
```

```
const double = (x: number) => 2 * x;
assertType<(a: number, b: number) => number>(double);  // OK!?
```

第二個斷言成功有讓你嚇一跳嗎？原因是 TypeScript 的函式可指派給 function 型態，它接收的參數較少：

```
const g: (x: string) => any = () => 12;  // OK
```

這反映了一個事實：在呼叫 JavaScript 函式時，使用比它的宣告式列舉的參數更多的參數是絕對沒問題的。TypeScript 會模擬這個行為，而不是禁止它，主要是因為它在回呼中很普遍。例如，在 Lodash `map` 函式裡面的回呼接收的參數多達三個：

```
map(array, (name, index, array) => { /* ... */ });
```

雖然有三個可用，但我們經常只使用一個，有時使用兩個，就像本項目到目前為止所做的那樣。事實上，很少有人使用全部的三個。禁止這個賦值的話，TypeScript 會在大量的 JavaScript 碼中回報錯誤。

那麼，你可以如何做？你可以拆開函式型態，並使用泛型的 `Parameters` 與 `ReturnType` 型態來測試它的成分：

```
const double = (x: number) => 2 * x;
let p: Parameters<typeof double> = null!;
assertType<[number, number]>(p);
//                            ~ '[number]' 型態的引數不能
//                              指派給 [number, number] 型態的參數
let r: ReturnType<typeof double> = null!;
assertType<number>(r); // OK
```

但如果「this」還不夠複雜，看看另一個問題吧：`map` 會為它的回呼設定 `this` 的值。TypeScript 可以模擬這個行為（見項目 49），所以你的型態宣告式應該這樣做，你也應該測試它，該怎麼做？

截至目前為止，`map` 的測試都有點像黑盒子：我們已經用 `map` 執行一個陣列與函式，並測試結果的型態了，但我們還沒有測試中間步驟的細節。我們可以填寫回呼函式，並直接驗證它的參數與 `this` 的型態：

```
const beatles = ['john', 'paul', 'george', 'ringo'];
assertType<number[]>(map(
  beatles,
  function(name, i, array) {
// ~~~~~~~ '(name: any, i: any, array: any) => any' 型態的引數
```

```
//          不能指派給 '(u: string) => any' 型態的參數
    assertType<string>(name);
    assertType<number>(i);
    assertType<string[]>(array);
    assertType<string[]>(this);
                      // ~~~~ 'this' 有隱性的 'any' 型態
    return name.length;
  }
));
```

這段程式顯示我們宣告的 map 的一些問題。注意，我們使用非箭頭函式，以便測試 this 的型態。

這是可以通過檢查的宣告：

```
declare function map<U, V>(
  array: U[],
  fn: (this: U[], u: U, i: number, array: U[]) => V
): V[];
```

但是我們還有最後一個問題，而且它是主要的問題。這是我們的模組的完整型態宣告檔案，即使你對 map 進行最嚴格的檢測，它也可以通過，但是它比無用途（useless）更糟糕：

```
declare module 'overbar';
```

它指派 any 型態給**整個模組**。你的測試都可以通過，但你將失去任何型態安全性。更糟的是，在這個模組裡面每次呼叫函式都會默默地產生一個 any 型態，在整個程式中毀滅性地破壞型態安全。即使使用 noImplicitAny，你也有可能透過型態宣告得到 any 型態。

除非使用一些高級的技巧，否則你很難找到型態系統內的 any 型態。這就是為何在測試型態宣告時，比較好的做法是使用在型態檢查器**外面**操作的工具。

對 DefinitelyTyped 存放區的型態宣告而言，這種工具是 dtslint。它是透過特殊格式的註釋來操作的。這是用 dtslint 來編寫 map 函式的最後一項測試的做法：

```
const beatles = ['john', 'paul', 'george', 'ringo'];
map(beatles, function(
  name,  // $ExpectType string
  i,     // $ExpectType number
  array  // $ExpectType string[]
```

```
) {
  this  // $ExpectType string[]
  return name.length;
});  // $ExpectType number[]
```

dtslint 不是檢查可賦值性，而是檢查各個代號的型態，也會進行字面比較，符合你在編輯器中手動測試型態宣告式的做法：dtslint 其實是將這個程序自動化。這個做法有一些缺點：number|string 與 string|number 在文字上是不同的，但型態是相同的。但是 string 與 any 也是如此，儘管它們可以互相賦值，這是重點。

測試型態宣告不是件容易的事情，你**應該**測試它們，但你要注意一些常見的技術陷阱，並考慮使用 dtslint 之類的工具來避免它們。

請記住

- 在測試型態時，注意相等性與可賦值性的差異，特別是對於函式型態。
- 對於使用回呼的函式，你要測試回呼參數的推斷型態。別忘了測試 this 的型態，如果它是你的 API 的一部分的話。
- 在涉及型態的測試中，特別注意 any。考慮使用 dtslint 之類的工具來做更嚴格、較不容易出錯的檢查。

第七章

編寫與執行你的程式

本章有點像個大雜燴，將討論編寫程式（不是型態）時，以及執行程式時可能遇到的問題。

項目 53：優先使用 ECMAScript 的功能，而非 TypeScript 的功能

TypeScript 與 JavaScript 之間的關係已經隨著時間而改變了。當 Microsoft 在 2010 年開始製作 TypeScript 時，很多人認為 TypeScript 是一種有問題且需要修改的語言。各種框架與 source-to-source（來源至來源）編譯器經常在 JavaScript 中加入缺少的功能，例如類別、裝飾器，以及模組系統。TypeScript 也一樣，它的早期版本有自製版的類別、enum 與模組。

經過一段時間，TC39（主宰 JavaScript 的標準主體）在 JavaScript 語言的核心加入以上許多功能。它們加入的功能與 TypeScript 裡面的版本不相容，讓 TypeScript 團隊面臨尷尬的情況：究竟要採用標準的新功能，還是破壞既有的程式碼？

TypeScript 在很大程度上選擇後者，並提出當前的管理原則：讓 TC39 定義 runtime，TypeScript 僅在型態空間中進行創新。

在做出這個決定之前，有一些功能沒有被處理，你一定要認識並瞭解它們，因為它們不符合這個語言其他地方的模式。一般來說，我建議不要使用它們，以盡量釐清 TypeScript 與 JavaScript 之間的關係。

Enum

許多語言都用枚舉或 *enum* 來模擬只可能有少數幾種值的型態。TypeScript 將它們加入 JavaScript：

```
enum Flavor {
  VANILLA = 0,
  CHOCOLATE = 1,
  STRAWBERRY = 2,
}

let flavor = Flavor.CHOCOLATE;  // 型態是 Flavor

Flavor  // 自動完成功能會顯示：VANILLA, CHOCOLATE, STRAWBERRY
Flavor[0]  // 值是 "VANILLA"
```

使用 enum 的理由是，它們的安全性和透明性比純數字高。但是 TypeScript 的 enum 有一些奇怪的行為，其實 TypeScript 有多個 enum 變體，它們都有稍微不同的行為：

- 數字值的 enum（就像 `Flavor`）。任何數字都可以指派給它，所以它不太安全（它這樣設計是為了提供 bit flag 結構）。
- 字串值的 enum。它可提供型態安全，在執行期也有更透明的值。但它不是結構定型，與 TypeScript 的每一個其他型態不同（很快就會討論這個部分）。
- `const enum`。與一般的 enum 不同的是，const enum 在執行期會完全消失。如果你在上面的範例中改成寫為 `const enum Flavor`，編譯器會將 `Flavor.CHOCOLATE` 改寫為 `0`，它也會破壞我們原本預期的編譯器行為，而且 `string` 與 `number` 值的 enum 仍然有不同的行為。
- 設定 `preserveConstEnums` 旗標的 `const enum`。它會幫 `const enum` 輸出執行期程式碼，就像一般的 `enum`。

字串值的 enum 在名義上是型態化的，這特別令人驚訝，因為 TypeScript 的每一個其他型態都使用 structural typing 來提供可賦值性（見項目 4）：

```
enum Flavor {
  VANILLA = 'vanilla',
  CHOCOLATE = 'chocolate',
  STRAWBERRY = 'strawberry',
}
```

```
let flavor = Flavor.CHOCOLATE;  // 型態是 Flavor
    flavor = 'strawberry';
// ~~~~~~ '"strawberry"' 型態不能指派給 'Flavor' 型態
```

當你發表程式庫時，這會影響一些事情。假如你有一個接收 Flavor 的函式：

```
function scoop(flavor: Flavor) { /* ... */ }
```

因為 Flavor 在執行期其實是個字串，你的 JavaScript 用戶可以用字串呼叫它：

```
scoop('vanilla');  // 在 JavaScript 中沒問題
```

但你的 TypeScript 用戶需要匯入 enum 並改用它：

```
scoop('vanilla');
   // ~~~~~~~~~ '"vanilla"' 不能指派給 'Flavor' 型態的參數

import {Flavor} from 'ice-cream';
scoop(Flavor.VANILLA);  // OK
```

因為 JavaScript 與 TypeScript 的用戶有這種不一致的體驗，所以你要避免使用字串值的 enum。

TypeScript 有一種在其他語言中比較罕見的 enum 替代品：常值型態聯集。

```
type Flavor = 'vanilla' | 'chocolate' | 'strawberry';

let flavor: Flavor = 'chocolate';  // OK
    flavor = 'mint chip';
// ~~~~~~ '"mint chip"' 型態不能指派給 'Flavor' 型態
```

它與 enum 一樣安全，但還有一個優點：它可以更直接地轉換成 JavaScript。它也提供差不多方便的編輯器自動完成功能：

```
function scoop(flavor: Flavor) {
  if (flavor === 'v
                    // 自動完成功能在此會提示 'vanilla'
}
```

要更深入瞭解這種做法，見項目 33。

參數屬性

我們經常在初始化一個類別時，將屬性指派給建構式的參數：

```
class Person {
  name: string;
  constructor(name: string) {
    this.name = name;
  }
}
```

TypeScript 提供一種比較紮實的語法：

```
class Person {
  constructor(public name: string) {}
}
```

它叫做「參數屬性」，相當於第一個範例的程式。參數屬性有一些需要注意的問題：

- 它們是少數幾種會在你編譯成 JavaScript 時產生程式碼的結構之一（另一種是 `enum`）。編譯程序通常只會移除型態。
- 因為參數只在生成的程式中使用，原始程式看起來很像有個無用的參數。
- 混合使用參數與非參數屬性可能會掩蓋類別的設計。

例如：

```
class Person {
  first: string;
  last: string;
  constructor(public name: string) {
    [this.first, this.last] = name.split(' ');
  }
}
```

這個類別有三個屬性（`first`、`last`、`name`），但是你很難從程式中看出它們，因為在建構式之前只有兩個被列出來。如果建構式也接收其他的參數，這種情況會更糟糕。

如果你的類別只包含參數屬性而且沒有方法，或許你要將它改成 `interface`，並使用常值物件。請記住，因為項目 4 的 structural typing，這兩種是可以互相賦值的：

```
class Person {
  constructor(public name: string) {}
}
const p: Person = {name:'Jed Bartlet'};  // OK
```

大家對參數屬性有不同的看法。我通常不使用它們，但有些人很喜歡它可以節省的打字數量。請注意，它們不適合其餘的 TypeScript 模式，而且可能會讓新的開發人員看不出該模式。試著避免因為混合參數與非參數屬性而掩蓋類別的設計。

名稱空間與三斜線匯入

在 ECMAScript 2015 之前，JavaScript 沒有官方模組系統。不同的環境以不同的方式加入這個缺少的功能：Node.js 使用 `require` 與 `module.exports`，而 AMD 使用 `define` 函式和回呼。

TypeScript 也用它自己的模組系統填補這個空白，它用 `module` 關鍵字與「三斜線」匯入來實現。TypeScript 在 ECMAScript 2015 之後加入官方的模組系統，增加 `namespace` 作為 `module` 的同義詞，以避免混淆：

```
namespace foo {
  function bar() {}
}

/// <reference path="other.ts"/>
foo.bar();
```

在型態宣告的領域之外，三斜線匯入與 `moduel` 關鍵字只不過是鄉野傳說。在你自己的程式中，你應該使用 ECMASCript 2015 風格的模組（`import` 與 `export`）。見項目 58。

裝飾器

裝飾器（decorator）可以用來註記或修改類別、方法與屬性。例如，你可以定義一個 `logged` 註記來 log 針對某個類別的某個方法的所有呼叫：

```
class Greeter {
  greeting: string;
  constructor(message: string) {
    this.greeting = message;
  }
  @logged
```

```
  greet() {
    return "Hello, " + this.greeting;
  }
}

function logged(target: any, name: string, descriptor: PropertyDescriptor) {
  const fn = target[name];
  descriptor.value = function() {
    console.log(`Calling ${name}`);
    return fn.apply(this, arguments);
  };
}

console.log(new Greeter('Dave').greet());
// Log:
// 呼叫 greet
// Hello, Dave
```

這個功能最初是為了支援 Angular 框架而加入的，而且你需要在 `tsconfig.json` 裡面設定 `experimentalDecorators` 屬性。在行文至此時，它們的實作還沒有被 TC39 標準化，所以現在用裝飾器寫出來的程式以後都有可能失效或變成非標準。除非你使用 Angular 或需要註記的其他框架，而且它們已經被標準化，否則不要使用 TypeScript 的裝飾器。

請記住

- 總的來說，你可以藉著將程式中的所有型態移除來將 TypeScript 轉換成 JavaScript。
- enum、參數屬性、三斜線匯入，以及裝飾器都是這條規則的歷史性例外。
- 為了讓 TypeScript 在程式中的角色盡可能地明確，我建議不要使用這些功能。

項目 54：知道如何迭代物件

這段程式跑起來沒問題，但 TypeScript 還是在裡面指出錯誤，為何如此？

```
const obj = {
  one: 'uno',
  two: 'dos',
  three: 'tres',
};
for (const k in obj) {
```

```
  const v = obj[k];
         // ~~~~~~ 元素有個隱性的 'any' 型態
         //        因為 … 型態沒有索引簽章
}
```

從 obj 與 k 代號可以發現一個線索：

```
const obj = { /* ... */ };
// const obj: {
//     one: string;
//     two: string;
//     three: string;
// }
for (const k in obj) {  // const k: string
  // ...
}
```

k 的型態是 string，但你正試著檢索一個型態只包含三個特定鍵的物件：'one'、'two' 與 'three'。因為除了這三個字串之外，還有其他的字串存在，所以這樣做必定失敗。

為 k 宣告比較窄的型態可以修正這個問題：

```
let k: keyof typeof obj;  // 型態是 "one" | "two" | "three"
for (k in obj) {
  const v = obj[k];  // OK
}
```

所以真正的問題在於：在第一個例子中的 k 的型態為什麼被推斷為 string，而不是 "one" | "two" | "three"？

為了瞭解這件事，我們來看一個稍微不同的範例，它涉及一個介面與一個函式：

```
interface ABC {
  a: string;
  b: string;
  c: number;
}

function foo(abc: ABC) {
  for (const k in abc) {  // const k: string
    const v = abc[k];
           // ~~~~~~ 元素有個隱性的 'any' 型態
           //        因為 'ABC' 型態沒有索引簽章
  }
}
```

它的錯誤訊息與之前的一樣，你也可以用同一種宣告來「修正」它（`let k: keyof ABC`）。但是在這個例子中，TypeScript 發出抱怨是對的。原因如下：

```
const x = {a: 'a', b: 'b', c: 2, d: new Date()};
foo(x);  // OK
```

你可以用**可指派給** ABC 的任何值來呼叫 foo 函式，而不是只能使用有「a」、「b」、「c」屬性的值。這些值也絕對可能有其他屬性（見項目 4）。為了允許這件事，TypeScript 只讓 k 使用它有信心的型態，也就是 string。

在這裡使用 keyof 宣告有另一種缺點：

```
function foo(abc: ABC) {
  let k: keyof ABC;
  for (k in abc) {  // let k: "a" | "b" | "c"
    const v = abc[k];  // 型態是 string | number
  }
}
```

如果 "a" | "b" | "c" 對 k 而言太窄了，string | number 肯定也對 v 而言太窄。上面的例子有一個值是 Date，但它可以是任何東西。這裡的型態造成假的確定性，可能會在執行期產生混亂。

那麼，你該如何迭代物件的鍵與值並且不產生型態錯誤？ Object.entries 可讓你同時迭代兩者：

```
function foo(abc: ABC) {
  for (const [k, v] of Object.entries(abc)) {
    k  // 型態是 string
    v  // 型態是 any
  }
}
```

或許這些型態難以使用，但它們至少很誠實！

你也要注意**原型汙染**的可能性。即使在你定義的常值物件案例中，for-in 也會產生額外的鍵：

```
> Object.prototype.z = 3; // 不要做這件事！
> const obj = {x: 1, y: 2};
> for (const k in obj) { console.log(k); }
x
y
z
```

希望這不是在無對抗性環境中發生的（你絕對不能在 Object.prototype 加入可枚舉屬性），不過這是 for-in 即使在處理常值物件時也會產生 string 鍵的另一個原因。

如果你想要迭代物件內的鍵與值，你可以使用 keyof 宣告（let k: keyof T）或 Object.entries。前者很適合用於常數，或你已經知道物件沒有額外的鍵，並且想要有精確的型態的情況。後者比較通用，儘管鍵與值的型態比較難以處理。

請記住

- 當你知道鍵將是什麼時，可使用 let k: keyof T 與 for-in 迴圈來迭代物件。注意，你的函式以參數接收的任何物件都可能有額外的鍵。
- 使用 Object.entries 來迭代任何物件的鍵與值。

項目 55：瞭解 DOM 階層

本章大部分的項目都不知道你在哪裡執行 TypeScript，無論是 web 瀏覽器、伺服器或手機。這一個項目不同。如果你不是在瀏覽器裡面工作，請跳過這一個項目！

當你在 web 瀏覽器裡面執行 JavaScript 時，一定有 DOM 階層架構。當你使用 document.getElementById 來取得元素，或使用 document.createElement 來建立一個元素時，它一定是某種元素，即使你不完全熟悉它的類別。你會呼叫方法，並使用你想要用的屬性，希望得到最好的結果。

使用 TypeScript 時，DOM 元素的階層比較容易看見。知道你的 Element 與 EventTarget 的 Node 可以協助你找到型態錯誤，並決定何時適合使用型態斷言。因為有很多 API 都是以 DOM 為基礎，即使你使用 React 或 d3 之類的框架，這件事也很重要。

假設你想要追蹤使用者在 <div> 上面移動滑鼠的情況。你寫了一些看似無害的 JavaScript：

```
function handleDrag(eDown: Event) {
  const targetEl = eDown.currentTarget;
  targetEl.classList.add('dragging');
  const dragStart = [eDown.clientX, eDown.clientY];
  const handleUp = (eUp: Event) => {
    targetEl.classList.remove('dragging');
```

```
    targetEl.removeEventListener('mouseup', handleUp);
    const dragEnd = [eUp.clientX, eUp.clientY];
    console.log('dx, dy = ', [0, 1].map(i => dragEnd[i] - dragStart[i]));
  }
  targetEl.addEventListener('mouseup', handleUp);
}
const div = document.getElementById('surface');
div.addEventListener('mousedown', handleDrag);
```

TypeScript 的型態檢查器在這 14 行程式裡面找出 11 個以上的錯誤：

```
function handleDrag(eDown: Event) {
  const targetEl = eDown.currentTarget;
  targetEl.classList.add('dragging');
// ~~~~~~~           物件可能是 'null'
//         ~~~~~~~~~ 'EventTarget' 型態沒有 'classList' 屬性
  const dragStart = [
     eDown.clientX, eDown.clientY];
        // ~~~~~~~                'Event' 沒有 'clientX' 屬性
        //                ~~~~~~~ 'Event' 沒有 'clientY' 屬性
  const handleUp = (eUp: Event) => {
    targetEl.classList.remove('dragging');
// ~~~~~~~~           物件可能是 'null'
//           ~~~~~~~~~ 'EventTarget' 型態沒有 'classList' 屬性
    targetEl.removeEventListener('mouseup', handleUp);
// ~~~~~~~~ 物件可能是 'null'
    const dragEnd = [
       eUp.clientX, eUp.clientY];
        // ~~~~~~~              'Event' 沒有 'clientX' 屬性
        //              ~~~~~~~   'Event' 沒有 'clientY' 屬性
    console.log('dx, dy = ', [0, 1].map(i => dragEnd[i] - dragStart[i]));
  }
  targetEl.addEventListener('mouseup', handleUp);
// ~~~~~~~ 物件可能是 'null'
}
   const div = document.getElementById('surface');
   div.addEventListener('mousedown', handleDrag);
// ~~~ 物件可能是 'null'
```

哪裡錯了？這個 EventTarget 是什麼？為什麼所有東西都是 null ？

為了瞭解 EventTarget 的錯誤，我們必須深入研究一下 DOM 階層。見這段 HTML：

```
<p id="quote">and <i>yet</i> it moves</p>
```

當你打開瀏覽器的 JavaScript 主控台，並取得 p 元素的參考時，你會看到它是個 HTMLParagraphElement：

```
const p = document.getElementsByTagName('p')[0];
p instanceof HTMLParagraphElement
// True
```

HTMLParagraphElement 是 HTMLElement 的子型態，HTMLElement 是 Element 的子型態，Element 是 Node 的子型態，Node 是 EventTarget 的子型態。下面是這個階層中的一些型態：

表 7-1　在 DOM 階層中的型態

型態	例子
EventTarget	window、XMLHttpRequest
Node	document、Text、Comment
Element	包括 *HTMLElements*、*SVGElements*
HTMLElement	<i>、<b>
HTMLButtonElement	<button>

EventTarget 是最通用的 DOM 型態。你可以用它來加入事件監聽器、移除它們，以及調度事件。知道這件事之後，你就應該可以知道為何有 classList 錯誤了：

```
function handleDrag(eDown: Event) {
  const targetEl = eDown.currentTarget;
  targetEl.classList.add('dragging');
// ~~~~~~~           物件可能是 'null'。
//         ~~~~~~~~~ 'EventTarget' 型態沒有 'classList' 屬性
  // ...
}
```

顧名思義，Event 的 currentTarget 屬性是個 EventTarget，它甚至可為 null。TypeScript 沒有理由相信它有 classList 屬性。雖然 EventTarget 在實務上可能是個 HTMLElement，但是從型態系統的觀點來看，它也有可能是 window 或 XMLHTTPRequest。

往階層的上方移動，我們可以看到 Node。許多不屬於 Element 的 Node 都是文字段落或註釋。例如在這段 HTML 中：

```
<p>
  And <i>yet</i> it moves
  <!-- quote from Galileo -->
</p>
```

最外面的元素是 HTMLParagraphElement，你可以看到，它有 children 與 childNodes：

```
> p.children
HTMLCollection [i]
> p.childNodes
NodeList(5) [text, i, text, comment, text]
```

children 回傳 HTMLCollection，它是個類似陣列的結構，裡面只有子 Element（<i>yet</i>）。childNodes 回傳一個 NodeList，它也是類似陣列的 Node 集合。它不但包含 Element（<i>yet</i>），也包含文字段落（「And」、「it moves」）以及註釋（「quote from Galileo」）。

Element 與 HTMLElement 有什麼不同？有些非 HTML 的 Element 元素包含整個 SVG 標籤階層，它們是 SVGElement，是 Element 的另一種型態。<html> 或 <svg> 標籤的型態是什麼？它們是 HTMLHtmlElement 與 SVGSvgElement。

有時這些專用的類別有它們自己的屬性，例如 HTMLImageElement 有 src 屬性，HTMLInputElement 有 value 屬性。如果你想要從值中讀出其中一個這類的屬性，它的型態必須夠具體，你才可以取得該屬性。

TypeScript 為 DOM 宣告的型態大量使用常值型態，試著讓你得到最具體的型態。例如：

```
document.getElementsByTagName('p')[0];  // HTMLParagraphElement
document.createElement('button');  // HTMLButtonElement
document.querySelector('div');  // HTMLDivElement
```

但是不一定都能做到，尤其是 document.getElementById：

```
document.getElementById('my-div');  // HTMLElement
```

雖然你應該盡量避免使用型態斷言（項目 9），但是在這個例子中，你知道的比 TypeScript 多，所以適合使用它們，這樣做沒什麼不對，只要你知道 #my-div 是 div 就可以了：

```
document.getElementById('my-div') as HTMLDivElement;
```

啟用 strictNullChecks 時，你必須考慮 document.getElementById 回傳 null 的案例。你可以根據這種情況是否會發生來加入 if 陳述式或斷言（!）：

```
const div = document.getElementById('my-div')!;
```

這些型態都不是 TypeScript 專屬的，它們是從 DOM 的正式規格產生的。這是個項目 35 的建議（盡量按規格生成型態）的例子。

DOM 階層就講到這裡。那麼 clientX 與 clientY 錯誤呢？

```
function handleDrag(eDown: Event) {
  // ...
  const dragStart = [
     eDown.clientX, eDown.clientY];
        // ~~~~~~~                'Event' 沒有 'clientX' 屬性
        //                ~~~~~~~ 'Event' 沒有 'clientY' 屬性
  // ...
}
```

除了 Node 與 Element 的階層之外，Event 也有階層。Mozilla 文件目前列出來的 Event 的型態有 52 種以上！

一般的 Event 是最通用的事件型態，比較具體的型態包括：

UIEvent

任何一種使用者介面事件

MouseEvent

滑鼠觸發的事件，例如按鍵

TouchEvent

行動裝置上的觸碰事件

WheelEvent

滑動滾輪觸發的事件

KeyboardEvent

按下按鍵

handleDrag 的問題在於事件被宣告為 Event，但是 clientX 與 clientY 只有比較具體的 MouseEvent 型態才有。

那麼，你該如何修正本項目開頭的範例？TypeScript 為 DOM 宣告的型態大量使用背景（項目 26）。將 mousedown 處理程式放入行內可提供更多資訊給 TypeScript，並移除大部分的錯誤。你也可以將參數的型態宣告為 MouseEvent 而非 Event。下面是使用這兩種技術來修正錯誤的版本：

```
function addDragHandler(el: HTMLElement) {
  el.addEventListener('mousedown', eDown => {
    const dragStart = [eDown.clientX, eDown.clientY];
    const handleUp = (eUp: MouseEvent) => {
      el.classList.remove('dragging');
      el.removeEventListener('mouseup', handleUp);
      const dragEnd = [eUp.clientX, eUp.clientY];
      console.log('dx, dy = ', [0, 1].map(i => dragEnd[i] - dragStart[i]));
    }
    el.addEventListener('mouseup', handleUp);
  });
}

const div = document.getElementById('surface');
if (div) {
  addDragHandler(div);
}
```

最後的 if 陳述式負責沒有 #surface 元素的情況。如果你知道這個元素存在，你可以改用斷言（div!）。addDragHandler 需要非 null 的 HTMLElement，所以這是個「將 null 值推至邊緣」（項目 31）的例子。

請記住

- DOM 有一個型態階層，你通常可以在編寫 JavaScript 時忽略它，但是這些型態在 TypeScript 變得更重要。瞭解它們可協助你為瀏覽器編寫 TypeScript。
- 知道 Node、Element、HTMLElement 與 EventTarget 的差異，以及 Event 與 MouseEvent 的差異。
- 讓程式中的 DOM 元素與 Event 使用足夠具體的型態，或是提供背景給 TypeScript 來推斷它。

項目 56：不要用 private 來隱藏資訊

JavaScript 一直以來都缺少將類別的屬性變成私用的手段。大家的變通方案通常是按照慣例，在非公用 API 的欄位的開頭加上底線：

```
class Foo {
  _private = 'secret123';
}
```

但是這種做法只是提醒用戶不要使用私用資料，它很容易破解：

```
const f = new Foo();
f._private;  // 'secret123'
```

TypeScript 加入 `public`、`protected` 與 `private` 欄位修改符，它們似乎有一些強制性：

```
class Diary {
  private secret = 'cheated on my English test';
}

const diary = new Diary();
diary.secret
  // ~~~~~~ 'secret' 屬性是私用的，而且
  //        只能在 'Diary' 類別內使用
```

但是 `private` 是型態系統的功能，而且就像型態系統的所有功能，它會在執行期消失（見項目 3）。當 TypeScript 將它編譯成 JavaScript（使用 `target=ES2017`）時，它會變成：

```
class Diary {
  constructor() {
    this.secret = 'cheated on my English test';
  }
}
const diary = new Diary();
diary.secret;
```

`private` 符號不見了，所以你的秘密被揭露了！就像 `_private` 這種慣用法，TypeScript 的存取符號只能消極地建議用戶不要使用私用資料。使用型態斷言時，你甚至可以在 TypeScript 存取私用屬性：

```
class Diary {
  private secret = 'cheated on my English test';
}

const diary = new Diary();
(diary as any).secret  // OK
```

換句話說，不要依靠 *private* 來隱藏資訊！

那麼，如果你要更穩健地保護某個東西時該怎麼做？傳統的答案是利用 JavaScript 最可靠的方式來隱藏資訊：closure。你可以在建構式裡面建立一個：

```
declare function hash(text: string): number;

class PasswordChecker {
  checkPassword: (password: string) => boolean;
  constructor(passwordHash: number) {
    this.checkPassword = (password: string) => {
      return hash(password) === passwordHash;
    }
  }
}

const checker = new PasswordChecker(hash('s3cret'));
checker.checkPassword('s3cret');  // 回傳 true
```

JavaScript 沒有任何用法可讓你從 `PasswordChecker` 的建構式外面使用 `passwordHash` 變數。但是這個機制有一些缺點，具體來說，因為 `passwordHash` 在建構式外面無法被看見，所以使用它的每一個方法也都必須在建構式裡面定義。這導致每一個類別實例都要為各個方法建立一個複本，造成更多的記憶體使用量。它也會阻止同一個類別的其他實例取用私用資料。closure 或許不方便，但它們絕對可以維持資料的私密性。

此外還有一項最新的選項：使用私用欄位，這一種功能提案在本書付梓時已經越來越有機會被採納了。在這個提議中，為了讓欄位在型態檢查與執行期都是私用的，你要在它前面加上 `#`：

```
class PasswordChecker {
  #passwordHash: number;

  constructor(passwordHash: number) {
    this.#passwordHash = passwordHash;
```

```
  }

  checkPassword(password: string) {
    return hash(password) === this.#passwordHash;
  }
}

const checker = new PasswordChecker(hash('s3cret'));
checker.checkPassword('secret');  // 回傳 false
checker.checkPassword('s3cret');  // 回傳 true
```

你不能在類別的外面使用 `#passwordHash` 屬性。相較之下，使用 closure 技術的話，你可以在類別的方法，以及同一個類別的其他實例中使用它。對於沒有原生支援私用欄位的 ECMAScript 目標，你可以改為一種使用 `WeakMap` 的後備實作，它會讓你的資料維持私用。這個提議在本書付梓時已經進入第 3 階段，而且針對它的支援已經被加入 TypeScript。如果你想要使用它，可查看 TypeScript 的發布說明，看看它是否已經可以普遍使用了。

最後，如果你還關心**安全性**，而不是只想要封裝資訊，還有一些事項需要注意，例如內建的原型與函式被修改的情況。

請記住

- `private` 存取符號只能在型態系統中實施，它在執行期沒有效果，而且可以用斷言來迴避。不要以為它可以隱藏資料。
- 若要更可靠地隱藏資訊，請使用 closure。

項目 57：使用 source map 來對 TypeScript 進行 debug

當你執行 TypeScript 程式時，你執行的其實是 TypeScript 編譯器產生的 JavaScript。對任何 source-to-source 而言都是如此，無論它是 minifier、編譯器，還是前置處理器。設計者希望它是最透明的，讓你可以假裝正在執行的是 TypeScript 原始碼，不需要查看 JavaScript。

在你 debug 程式之前，這種機制都沒什麼問題。debugger（除錯程式）處理的通常是你執行的程式，對它所經歷的轉換程序一無所知。因為 JavaScript 是非常熱門的目標語言，所以瀏覽器製造商樂意互助合作來解決這個問題，這導致 source map 的問世。它們可將生成檔案內的位置與代號對映至原始來源的相應位置與代號。大部分的瀏覽器與許多 IDE 都支援它們。不用它們來除錯你的 TypeScript 是一大損失！

假如你已經寫好一個小型的腳本，它可以在 HTML 網頁中加入一個按鈕，可在你每次按下它時遞增：

```
function addCounter(el: HTMLElement) {
  let clickCount = 0;
  const button = document.createElement('button');
  button.textContent = 'Click me';
  button.addEventListener('click', () => {
    clickCount++;
    button.textContent = `Click me (${clickCount})`;
  });
  el.appendChild(button);
}

addCounter(document.body);
```

當你在瀏覽器載入它，並打開 debugger 時，你會看到生成的 JavaScript。它跟原始來源很接近，所以除錯不太難，見圖 7-1。

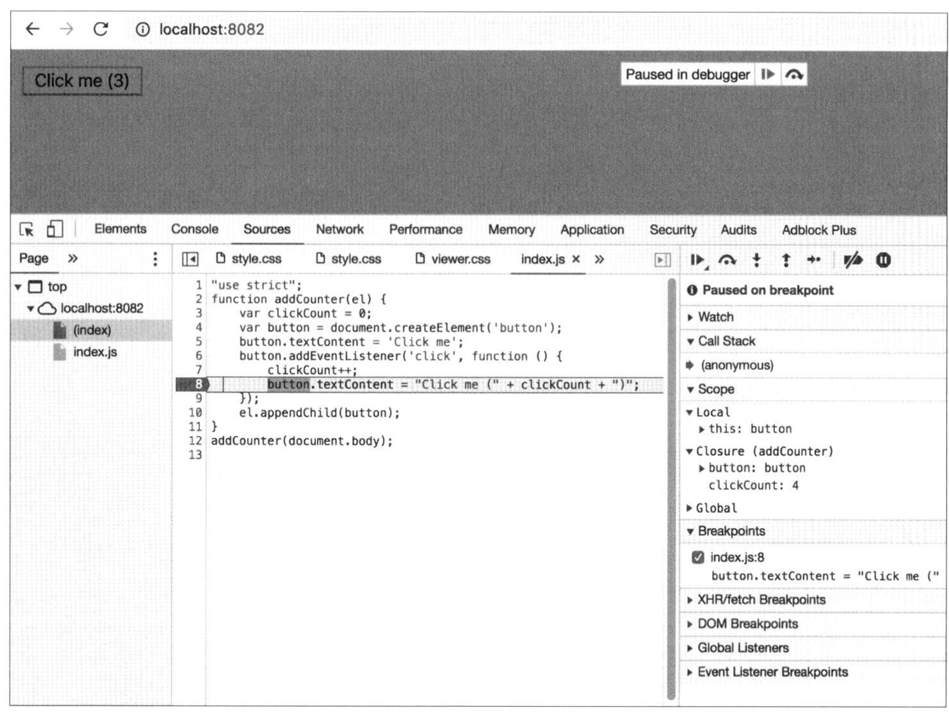

圖 7-1　用 Chrome 的開發工具來對生成的 JavaScript 進行除錯。對這個簡單的例子而言，生成的 JavaScript 與原始的 TypeScript 很相似

我們來讓這個網頁更有趣一些，從 numbersapi.com 抓取關於每個數字的有趣事實：

```
function addCounter(el: HTMLElement) {
  let clickCount = 0;
  const triviaEl = document.createElement('p');
  const button = document.createElement('button');
  button.textContent = 'Click me';
  button.addEventListener('click', async () => {
    clickCount++;
    const response = await fetch(`http://numbersapi.com/${clickCount}`);
    const trivia = await response.text();
    triviaEl.textContent = trivia;
    button.textContent = `Click me (${clickCount})`;
  });
  el.appendChild(triviaEl);
  el.appendChild(button);
}
```

當你打開瀏覽器的 debugger 時，你會看到生成的原始碼複雜許多（見圖 7-2）。

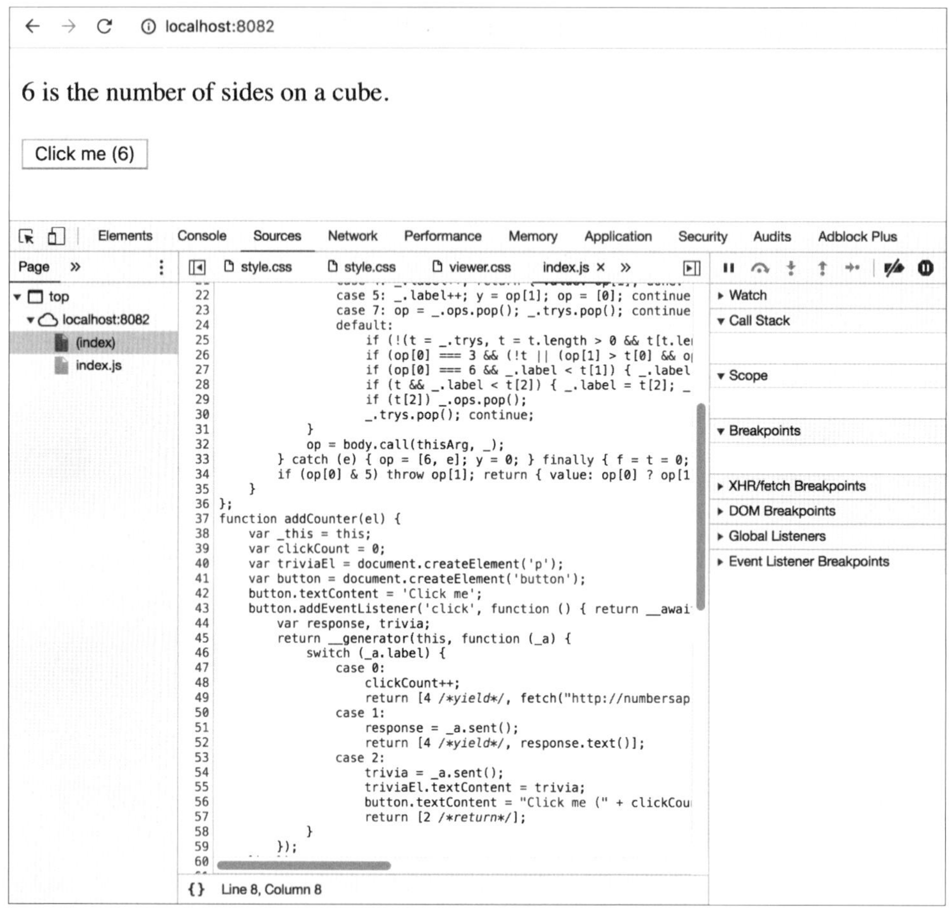

圖 7-2　在這個例子中，TypeScript 編譯器產生的 JavaScript 與 TypeScript 原始碼不相似，讓你更難以除錯

為了在舊瀏覽器中支援 async 與 await，TypeScript 將事件處理程式（event handler）改寫為狀態機（state machine），雖然行為相同，但程式沒那麼像原始碼了。

此時可使用 source map。為了要求 TypeScript 產生它，你要在 *tsconfig.json* 裡面設定 sourceMap 選項：

```
{
  "compilerOptions": {
    "sourceMap": true
  }
}
```

現在當你執行 `tsc` 時，它會幫各個 *.ts* 檔產生兩個輸出檔：一個 *.js* 檔，與一個 *.js.map* 檔。後者是 source map。

有了這個檔案之後，你的瀏覽器的 debugger 會出現一個新的 *index.ts* 檔案。你可以在裡面隨意設定斷點和查看變數（見圖 7-3）。

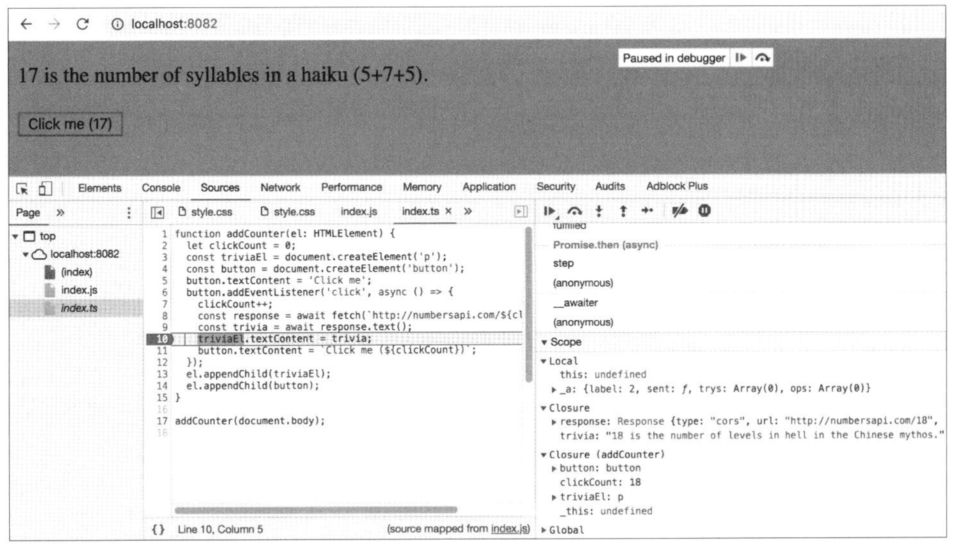

圖 7-3　當 source map 出現時，你可以在 debugger 使用原始的 TypeScript，而不是生成的 JavaScript

注意，在左邊的檔案清單裡面，*index.ts* 是斜體的，代表它不是「真正」被網頁納入的檔案，而是透過 source map 納入的。取決於你的設定，*index.js.map* 包含指向 *index.ts* 的參考（此時瀏覽器會從網路載入它）或它的行內複本（此時不需要請求）。

關於 source map 有幾件事需要注意：

- 如果你同時使用 TypeScript 與 bundler 或 minifier，它可能會產生它自己的 source map。為了取得最佳的除錯體驗，你要讓它一路對映回到原始的 TypeScript，不是生成的 JavaScript。如果你的 bundler 內建支援 TypeScript，這件事應該沒什麼問題。如果沒有支援，你可能要找出一些可讓它讀取 source map 的輸入的旗標。

- 留意你是否在生產環境中提供 source map。除非 debugger 被打開，否則瀏覽器不會載入 source map，所以不會對最終用戶造成性能方面的影響。但如果 source map 裡面有原始碼的行內複本，裡面可能有你不想要公開的內容，你真的想讓全世界知道你毫不保留的批評，或內部的 bug 追蹤 URL 嗎？

你也可以用 source map 來除錯 NodeJS 程式，通常你要用編輯器，或是從瀏覽器的 debugger 連接節點程序來做這件事。詳情請參考 Node 的文件。

型態檢查器可以在你執行程式前抓到許多錯誤，但它不能取代優秀的 debugger。請使用 source map 來獲得最棒的 TypeScript 除錯體驗。

請記住

- 別忘了對生成的 JavaScript 進行除錯。使用 source map 在執行期為你的 TypeScript 除錯。
- 確保你的 source map 可以一路對映至你執行的程式碼。
- 取決於你的設定，你的 source map 可能有原始碼的行內複本。不要公開它們，除非你知道自己在做什麼！

第八章

遷移至 TypeScript

你已經知道 TypeScript 真的很棒了，你也已經從痛苦的經驗中知道維護你那高齡 15 歲、多達 100,000 行的 JavaScript 程式庫不好玩。如果它是 TypeScript 程式庫不知道有多好！

本章的建議將幫助你不失理智且不費力地將 JavaScript 專案遷移至 TypeScript。

只有最小型的基礎程式可以一次性地遷移。對較大型的專案而言，關鍵在於逐漸遷移，項目 60 將討論怎麼做。在進行長期的遷移時，追蹤進度並確保沒有退步非常重要。這可以產生一種動力，以及改變的必然性，項目 61 將介紹做法。

將大型的專案遷移至 TypeScript 不一定很容易，但確實可提供巨大的潛在優勢。在 2017 年有一項研究發現，在 GitHub 的 JavaScript 專案中，有 15% 已修正的 bug 可以用 TypeScript 來避免[1]。更令人印象深刻的是，有人針對 AirBnb 進行六個月的 bug 事後調查，發現其中有 38% 可以用 TypeScript 來避免[2]。如果你要在組織中提倡 TypeScript，這種統計數據有很大的幫助！進行一些實驗並且尋找初期的採用者也很有幫助。項目 59 將介紹如何在開始遷移之前用 TypeScript 進行實驗。

因此本章大部分討論 JavaScript，許多範例程式是純 JavaScript（不期望會通過型態檢查），或是用比較寬鬆的設定來檢查的（例如將 `noImplicitAny` 關閉）。

1 Z. Gao, C. Bird, and E. T. Barr, "To Type or Not to Type: Quantifying Detectable Bugs in JavaScript," ICSE 2017, *http://earlbarr.com/publications/typestudy.pdf*.

2 Brie Bunge, "Adopting TypeScript at Scale," JSConf Hawaii 2019, *https://youtu.be/P-J9Eg7hJwE*.

項目 58：撰寫現代的 JavaScript

除了確認程式的型態安全之外，TypeScript 可以將 TypeScript 程式編譯成任何版本的 JavaScript 程式，最早的版本是 1999 vintage ES3。因為 TypeScript 是**最新版**的 JavaScript 的超集合，這意味著你可以將 `tsc` 當成「轉譯器」，接收新 JavaScript，將它轉換成舊版且受到更廣泛地支援的 JavaScript。

從另一個角度來看，這意味著當你將既有的 JavaScript 基礎程式轉換成 TypeScript 時，選擇採用最新的 JavaScript 功能沒有任何壞處。事實上，這種做法有很多好處：因為 TypeScript 在設計上是搭配現代 JavaScript 的，將你的 JS 現代化是採用 TypeScript 時絕佳的第一步。

而且因為 TypeScript 是 JavaScript 的超集合，知道如何編寫更現代且更典型的 JavaScript 代表你也知道如何寫出更好的 TypeScript。

這個項目將簡單地介紹現代 JavaScript 的一些功能，這裡所謂的「現代」指的是 ES2015（即 ES6）之後推出的。這些主題在其他的書籍和網路有更詳細的介紹。如果這裡介紹的主題有你不熟悉的，你應該多瞭解它們。當你要學習新的語言功能，例如 `async`/`await` 時，TypeScript 有很大的幫助：它幾乎絕對比你更瞭解那些功能，而且可以指引你正確地使用它們。

它們都是值得瞭解的功能，但是到目前為止，對採用 TypeScript 而言最重要的是 ECMAScript Modules 與 ES2015 類別。

使用 ECMAScript 模組

在 ECMAScript 的 2015 版之前，我們無法用標準的方式將程式拆成不同的模組，當時有許多解決方案，包括使用多個 `<script>` 標籤、手動串接，以及 Makefiles 至 node.js 風格的 `require` 陳述式或 AMD 風格的 `define` 回呼。TypeScript 甚至有它自己的模組系統（項目 53）。

不過現在標準工具出現了：ECMAScript 模組，即 `import` 與 `export`。如果你的 JavaScript 基礎程式仍然只是一個檔案，如果你使用串接或其他的模組系統，那就代表你該換成 ES 模組了。你可能要設定 webpack 或 ts-node 之類的工具。TypeScript 很適合與 ES 模組一起使用，使用它們也對轉換工作很有幫助，特別是它可以讓你一次遷移一個模組（見項目 61）。

具體的細節依你的設定而不同，但如果你這樣子使用 CommonJS：

```
// CommonJS
// a.js
const b = require('./b');
console.log(b.name);

// b.js
const name = 'Module B';
module.exports = {name};
```

那麼等效的 ES 模組長這樣：

```
// ECMAScript 模組
// a.ts
import * as b from './b';
console.log(b.name);

// b.ts
export const name = 'Module B';
```

使用類別，而非原型

JavaScript 有靈活、以原型為基礎的物件模型。但是大多數的 JS 開發者都忽略這一點，採用較死板的、以類別為基礎的模型。隨著 ES2015 加入 `class` 關鍵字，它已經被正式寫入這種語言了。

如果你的程式是以直接的方式使用原型，請改用類別，也就是說，與其這樣寫：

```
function Person(first, last) {
  this.first = first;
  this.last = last;
}

Person.prototype.getName = function() {
  return this.first + ' ' + this.last;
}

const marie = new Person('Marie', 'Curie');
const personName = marie.getName();
```

不如這樣寫：

```
class Person {
  first: string;
  last: string;

  constructor(first: string, last: string) {
    this.first = first;
    this.last = last;
  }

  getName() {
    return this.first + ' ' + this.last;
  }
}

const marie = new Person('Marie', 'Curie');
const personName = marie.getName();
```

TypeScript 不擅長處理原型版的 Person，但只要藉由少量的註記，它就可以瞭解以類別為基礎的版本。如果你不熟悉語法，TypeScript 可協助你寫出正確的程式。

對使用舊式類別的程式而言，TypeScript 語言服務提供「Convert function to an ES2015 class」功能來快速地修正它並提升速度（圖 8-1）。

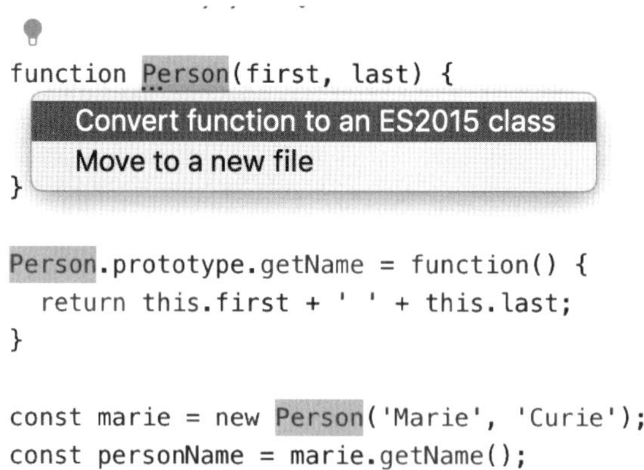

圖 8-1　TypeScript 語言服務提供一種簡單的功能來將舊式的類別轉換成 ES2015 類別

使用 let/const 來取代 var

JavaScript 的 var 有一些古怪的作用範圍規則。如果你想要更瞭解它們，可以看 *Effective JavaScript*。但只要你不使用 var 就不必擔心了！請用 let 與 const 來取代它。它們的作用域確實是區塊式的，而且運作方式比 var 直觀。

同樣地，TypeScript 可以在這方面協助你。如果將 var 改成 let 產生錯誤，就代表你幾乎一定做了某些不該做的事情。

嵌套式的函式陳述式也有類似 var 的作用範圍規則：

```
function foo() {
  bar();
  function bar() {
    console.log('hello');
  }
}
```

當你呼叫 foo() 時，它會 log hello，因為 bar 的定義被提升至 foo 的最上面了，這很令人吃驚！盡量改用函式陳述式（const bar = () => { ... }）。

用 for-of 或陣列方法取代 for(;;)

在典型的 JavaScript 中，你會使用 C 風格的 for 迴圈來迭代陣列：

```
for (var i = 0; i < array.length; i++) {
  const el = array[i];
  // ...
}
```

在現代的 JavaScript 中，你可以改用 for-of 迴圈：

```
for (const el of array) {
  // ...
}
```

這種做法比較不容易造成拼字錯誤，也不會引入索引變數。如果你需要索引變數，你可以使用 forEach：

```
array.forEach((el, i) => {
  // ...
});
```

不要使用 for-in 結構來迭代陣列，因為它會造成許多意外（見項目 16）。

優先使用箭頭函式，而非函式表達式

this 關鍵字是 JavaScript 最令人難以理解的層面之一，因為它的作用範圍規則與其他變數不一樣：

```
class Foo {
  method() {
    console.log(this);
    [1, 2].forEach(function(i) {
      console.log(this);
    });
  }
}
const f = new Foo();
f.method();
// 在 strict 模式印出 Foo、undefined、undefined
// 在非 strict 模式印出 Foo、window、window (!)
```

當你使用 this 時，通常希望用它來代表當前的類別的實例，箭頭函式可以藉著將 this 值擋在它的封閉範圍之外來協助你：

```
class Foo {
  method() {
    console.log(this);
    [1, 2].forEach(i => {
      console.log(this);
    });
  }
}
const f = new Foo();
f.method();
// 一定會印出 Foo、Foo、Foo
```

除了有比較簡單的語義之外，箭頭函式也比較簡潔。你應該盡量使用它們。若要更瞭解 this 綁定，可參考項目 49。使用 noImplicitThis（或 strict）編譯器選項時，TypeScript 會協助取得正確的 this 綁定。

使用緊湊的常值物件與解構賦值

與其這樣寫：

```
const x = 1, y = 2, z = 3;
const pt = {
  x: x,
  y: y,
  z: z
};
```

你可以直接寫成：

```
const x = 1, y = 2, z = 3;
const pt = { x, y, z };
```

除了更簡潔之外，這種做法也可以促使變數與屬性使用一致的名稱，這是人類讀者喜歡的事情（項目 36）。

若要讓箭頭函式回傳常值物件，你可以將它包在括號裡面：

```
['A', 'B', 'C'].map((char, idx) => ({char, idx}));
// [ { char: 'A', idx: 0 }, { char: 'B', idx: 1 }, { char: 'C', idx: 2 } ]
```

當屬性的值是函式時，你也可以採取一種簡單的寫法：

```
const obj = {
  onClickLong: function(e) {
    // ...
  },
  onClickCompact(e) {
    // ...
  }
};
```

緊湊的常值物件的反向操作是物件解構。與其這樣寫：

```
const props = obj.props;
const a = props.a;
const b = props.b;
```

你可以寫成：

```
const {props} = obj;
const {a, b} = props;
```

甚至：

```
const {props: {a, b}} = obj;
```

在最後一個例子中，只有 a 與 b 變成變數，props 沒有。

你可能想要在解構時指定預設值。與其這樣寫：

```
let {a} = obj.props;
if (a === undefined) a = 'default';
```

你可以寫成：

```
const {a = 'default'} = obj.props;
```

你也可以解構陣列，這種做法特別適合和 tuple 型態一起使用：

```
const point = [1, 2, 3];
const [x, y, z] = point;
const [, a, b] = point;  // 忽略第一個
```

你也可以在函式參數中使用解構：

```
const points = [
  [1, 2, 3],
  [4, 5, 6],
];
points.forEach(([x, y, z]) => console.log(x + y + z));
// Logs 6, 15
```

解構和緊湊的常值物件語法一樣簡明，而且可以促成一致的變數名稱。使用它吧！

使用預設函式參數

在 JavaScript 中，所有函式參數都是選用的：

```
function log2(a, b) {
  console.log(a, b);
```

```
}
log2();
```

它會輸出：

```
undefined undefined
```

它通常被用來實作參數的預設值：

```
function parseNum(str, base) {
  base = base || 10;
  return parseInt(str, base);
}
```

在現代的 JavaScript 中，你可以直接在參數列裡面指定預設值：

```
function parseNum(str, base=10) {
  return parseInt(str, base);
}
```

除了更簡明之外，這種做法也可以清楚地展示 `base` 是選用的參數。當你遷移至 TypeScript 時，預設的參數有另一個好處：它們可以協助型態檢查器推斷參數的型態，免除使用型態註記的需求。見項目 19。

用 async/await 來取代原始的 promise 或回呼

項目 25 解釋了為何應該優先使用 `async` 與 `await`，重點是它們可以簡化你的程式碼，防止 bug，並且協助型態流經你的非同步程式碼。

與其這樣寫：

```
function getJSON(url: string) {
  return fetch(url).then(response => response.json());
}
function getJSONCallback(url: string, cb: (result: unknown) => void) {
  // ...
}
```

你可以寫成：

```
async function getJSON(url: string) {
  const response = await fetch(url);
```

```
    return response.json();
  }
```

不要在 TypeScript 裡面使用 strict

ES5 加入「strict 模式」來讓一些可疑的模式產生更明顯的錯誤。你可以在程式中加入 `'use strict'` 來啟用它：

```
'use strict';
function foo() {
  x = 10;  // 在 strict 模式中丟出，在非 strict 中定義全域變數
}
```

如果你從來沒有在 JavaScript 程式中用過 strict 模式，你可以試一下。它找到的錯誤極可能也是 TypeScript 編譯器會找到的。

但是當你轉換成 TypeScript 時，在原始碼裡面繼續使用 `'use strict'` 就沒有太多價值了。總的來說，TypeScript 提供的健全性檢查比 strict 模式提供的嚴格多了。

在 `tsc` 輸出的 JavaScript 裡面使用 `'use strict'` 是有一些價值的。如果你設定 `alwaysStrict` 或 `strict` 編譯器選項，TypeScript 會以 strict 模式來解析你的程式，並且為你在 JavaScript 輸出中放入 `'use strict'`。

簡言之，不要在你的 TypeScript 中撰寫 `'use strict'`，請改用 `alwaysStrict`。

以上只是 TypeScript 可讓你使用的許多 JavaScript 新功能的一小部分。TC39（管理 JS 標準的機構）非常活躍，每年都會加入新功能。TypeScript 團隊也努力地實作到達標準化程序的第 3 階段（總共 4 個）的任何功能，所以你不會等太久。請查看 TC39 GitHub repo[3] 來掌握最新狀況。在行文至此時，管道（pipeline）與裝飾器（decorator）的建議很有可能會對 TypeScript 造成重大影響。

請記住

- TypeScript 可讓你寫出現代 JavaScript，無論你的執行期環境是什麼，請使用它的語言功能來利用這件事，它們除了可以改善你的基礎程式之外，也可以協助 TypeScript 瞭解你的程式。
- 使用 TypeScript 來學習類別、解構與 `async/await` 等語言功能。

- 不必費心地使用 'use strict' 了：TypeScript 比它嚴格。
- 請查看 TC39 GitHub repo 與 TypeScript 發布說明來瞭解所有最新的語言功能。

項目 59：使用 @ts-check 與 JSDoc 來以 TypeScript 進行實驗

在將原始檔案從 JavaScript 轉換成 TypeScript（項目 60）之前，或許你可以試一下型態檢查機制，來初步瞭解即將出現的問題。TypeScript 的 @ts-check 指令可以讓你做這件事。它可以要求型態檢查器分析一個檔案，並報告它找到的問題。你可以將它當成非常寬鬆的型態檢查版本，比關閉 noImplicitAny 的 TypeScript（項目 2）更寬鬆。

這是它的運作情況：

```
// @ts-check
const person = {first: 'Grace', last: 'Hopper'};
2 * person.first
  // ~~~~~~~~~~~~ 算術運算的右邊必須是
  //              'any'、'number'、'bigint' 或 enum 型態
```

TypeScript 推斷 person.first 的型態是 string，所以 2 * person.first 是個型態錯誤，不需要型態註記。

雖然它可能會顯示這種明顯的型態錯誤，或是「使用太多引數來呼叫函式」，但是在實務上，// @ts-check 往往會出現一些特定類型的錯誤：

未宣告的全域變數

如果它們是你要定義的代號，請用 let 或 const 來宣告它們。如果它們是在其他地方定義的「環境」代號（例如在 HTML 檔案內的 <script> 標籤），你可以建立一個型態宣告檔案來描述它們。

例如，如果你有這段 JavaScript：

```
// @ts-check
console.log(user.firstName);
         // ~~~~ 無法發現 'user' 名稱
```

你可以建立一個稱為 *types.d.ts* 的檔案：

```
interface UserData {
  firstName: string;
  lastName: string;
}
declare let user: UserData;
```

光是建立這種檔案就有可能修正問題了，如果不行，你可能要用「三斜線」參考來明確地匯入它：

```
// @ts-check
/// <reference path="./types.d.ts" />
console.log(user.firstName);  // OK
```

這個 *types.d.ts* 檔案是很有價值的工具，它將會是你的專案的型態宣告的基礎。

未知的程式庫

如果你使用第三方程式庫，必須讓 TypeScript 知道它。例如，你可能會使用 jQuery 來設定 HTML 元素的大小。使用 `@ts-check` 可讓 TypeScript 指出錯誤：

```
// @ts-check
  $('#graph').style({'width': '100px', 'height': '100px'});
// ~ 無法找到 '$' 名稱
```

解決的辦法是為 jQuery 安裝型態宣告：

```
$ npm install --save-dev @types/jquery
```

現在錯誤變成 jQuery 專屬的了：

```
// @ts-check
$('#graph').style({'width': '100px', 'height': '100px'});
         // ~~~~~ 'JQuery<HTMLElement>' 型態沒有 'style' 屬性
```

事實上，它應該是 `.css`，不是 `.style`。

`@ts-check` 可讓你利用流行的 JavaScript 程式庫的 TypeScript 宣告，而且不需要由你自己遷移至 TypeScript。這是使用它的好理由之一。

DOM 問題

假如你要編寫的程式是在 web 瀏覽器裡面運行的，TypeScript 很有可能會顯示與你處理 DOM 元素的方式有關的問題。例如：

```
// @ts-check
const ageEl = document.getElementById('age');
ageEl.value = '12';
   // ~~~~~ 'HTMLElement' 型態沒有 'value' 屬性
```

問題在於只有 `HTMLInputElements` 有 `value` 屬性，但是 `document.getElementById` 回傳更通用的 `HTMLElement`（見項目 55）。如果你知道 `#age` 元素其實是個輸入元素，此時很適合使用型態斷言（項目 9）。但是這仍然是個 JS 檔，所以你無法使用 `as HTMLInputElement`，你可以改用 JSDoc 來斷言型態：

```
// @ts-check
const ageEl = /** @type {HTMLInputElement} */(document.getElementById('age'));
ageEl.value = '12';  // OK
```

如果你在編輯器內將游標移到 `ageEl` 上面，你會看到現在 TypeScript 將它視為 `HTMLInputElement` 了。當你輸入 JSDoc `@type` 註記時，請注意在註釋後面的括號。

這會導致 `@ts-check` 提出另一種錯誤：不精確的 JSDoc，我們接著說明。

不精確的 JSDoc

如果你的專案已經有 JSDoc 的註釋了，TypeScript 會在你打開 `@ts-check` 時檢查它們。如果你之前使用 Closure Compiler 之類的系統，它們會使用這些註釋來實施型態安全，這不會造成太大的問題。但是如果你的註釋比較像「夢寐以求（aspirational）的 JSDoc」，你可能會被嚇到：

```
// @ts-check
/**
 * Gets the size (in pixels) of an element.
 * @param {Node} el The element
 * @return {{w: number, h: number}} The size
 */
function getSize(el) {
  const bounds = el.getBoundingClientRect();
                // ~~~~~~~~~~~~~~~~~~~~~ 'Node' 型態沒有
                //                       'getBoundingClientRect' 屬性
```

```
  return {width: bounds.width, height: bounds.height};
       // ~~~~~~~~~~~~~~~~~~~  '{ width: any; height: any; }' 型態
       //                      不能指派給 '{ w: number; h: number; }' 型態
}
```

第一個問題是對於 DOM 的誤解：`getBoundingClientRect()` 是在 `Element` 定義的，不是 `Node`。所以你必須更改 `@param` 標籤。第二個是在 `@return` 標籤裡面指定的屬性與在實作裡面的不相符。專案其餘的部分應該會使用 `width` 與 `height` 屬性，所以你要更改 `@return` 標籤。

你可以使用 JSDoc 逐漸在專案中加入型態註記。TypeScript 語言服務提供推斷型態註記，可以根據使用情況快速地修正這個問題，見圖 8-2：

```
function double(val) {
  return 2 * val;
}
```

```
// @ts-check

function double(val) {
  return 2 *
}
```

```
(parameter) val: any
Parameter 'val' implicitly has an 'any' type, but a better type
may be inferred from usage. ts(7044)
Quick Fix...
Infer parameter types from usage
```

圖 8-2　TypeScript Language Services 提供快速的工具，可以根據使用情況修正推斷參數型態

它可以產生正確的 JSDoc 註記：

```
// @ts-check
/**
 * @param {number} val
 */
function double(val) {
  return 2 * val;
}
```

它有助於促使你使用 `@ts-check` 來讓型態流經你的程式碼。但它不一定都可以如此完美，例如：

```
function loadData(data) {
  data.files.forEach(async file => {
    // ...
  });
}
```

當你使用快速修復來註記 `data` 時，你會得到：

```
/**
 * @param {{
 * files: { forEach: (arg0: (file: any) => Promise<void>) => void; };
 * }} data
 */
function loadData(data) {
  // ...
}
```

這是 structural typing 變調（項目 4）。雖然這個函式在技術上可以處理任何一種包含該簽章的 `forEach` 方法的物件，但是它很可能希望參數是 `{files: string[]}`。

你可以在 JavaScript 專案中使用 JSDoc 註記與 `@ts-check` 來獲得大部分的 TypeScript 經驗。這很有吸引力，因為它不需要改變你的工具。但是最好不要往這個方向走太遠。使用註釋模板（comment boilerplate）是要付出代價的，它很容易讓你的邏輯迷失在一望無際的 JSDoc 中。TypeScript 最適合搭配 *.ts* 檔案，不是 *.js* 檔案。你的最終目標是將你的專案轉換成 TypeScript，不是用 JSDoc 註記轉換成 JavaScript。但是 `@ts-check` 很適合用來試驗型態，以及找出一些初期錯誤，特別適合用於已有大量 JSDoc 註記的專案。

請記住

- 在 JavaScript 檔案的最上面加入 `"// @ts-check"` 來啟用型態檢查。
- 認識常見的錯誤。知道如何宣告全域變數，以及為第三方程式庫加入型態宣告。
- 用 JSDoc 註記來做型態斷言，以及更好的型態推斷。
- 不要花太多時間用 JSDoc 在程式中完美地定義型態。切記你的目標是轉換成 *.ts*！

項目 60：使用 allowJs 來混合 TypeScript 與 JavaScript

在處理小型的專案時，你或許可以一次將 JavaScript 轉換成 TypeScript。但是在大型的專案中，這種一次性的做法是行不通的。你必須逐漸轉換，這意味著你需要一種讓 TypeScript 與 JavaScript 共存的方法。

這種方法的關鍵是 `allowJs` 編譯器選項。使用 `allowJs` 時，TypeScript 檔與 JavaScript 檔可以互相匯入。對 JavaScript 檔案而言，這個模式十分寬鬆。除非你使用 `@ts-check`（項目 59），否則語法錯誤是你唯一看得到的錯誤。這正是「TypeScript 是 JavaScript 的超集合」的基本意思。

雖然 `allowJs` 應該不會抓到錯誤，但它讓你可以在開始改變程式碼之前，在組建鏈加入 TypeScript。這是很棒的概念，因為你一定希望在將模組轉換成 TypeScript 時執行測試（項目 61）。

如果你的 bundler 加入 TypeScript 集成，或有外掛程式，這通常是最簡單的做法。例如，要使用 `browserify`，你可以執行 `npm install --sav-dev tsify`，並且以外掛加入它：

```
$ browserify index.ts -p [ tsify --noImplicitAny ] > bundle.js
```

大部分的單元測試工具也都有類似的選項。例如，要使用 `jest` 工具，你可以安裝 `ts-jest`，並指定 `jest.config.js` 來將 TypeScript 原始碼傳給它：

```
module.exports = {
  transform: {
    '^.+\\.tsx?$': 'ts-jest',
  },
};
```

如果你的組建鏈是自訂的，你的工作比較複雜。但你總是有很好的後備選項：當你指定 `outDir` 選項時，TypeScript 會在一個目錄中產生純 JavaScript 原始碼，它們會與你的樹狀原始碼結構平行。通常你的既有組建鏈可以執行它。你可能需要調整 TypeScript 的 JavaScript 輸出，讓它可以和你的原始 JavaScript 密切相符（例如，藉著指定 `target` 與 `module` 選項）。

在你的組建鏈加入 TypeScript 與測試程序或許不是很討喜的工作，但它是不可或缺的，可讓你帶著信心遷移程式碼。

請記住

- 使用 `allowJs` 編譯器選項，在你轉換專案時，可以混合 JavaScript 與 TypeScript。
- 在開始進行大規模的遷移之前，讓你的測試與組建鏈可使用 TypeScript。

項目 61：在依賴關係圖中，由下往上逐一轉換模組

你已經採用現代的 JavaScript 了，也轉換你的專案來使用 ECMAScript 模組與類別了（項目 58），你也將 TypeScript 整合到你的組建鏈，並且讓你的測試都成功了（項目 60）。接下來是很有趣的部分：將你的 JavaScript 轉換成 TypeScript。但是該從何處下手？

當你將型態加入模組時，所有依賴它的模組都有可能浮現新的型態錯誤。在理想情況下，你希望只要轉換每個模組一次即可完工，這意味著你應該在依賴關係圖中，由下**往上**轉換模組：從葉部（不依靠其他模組的模組）往上處理到根部。

你要遷移的第一個模組是第三方依賴項目，因為根據定義，你依靠它們，但是它們不依靠你。通常這代表你安裝了 `@types` 模組。例如，當你使用 `lodash` 工具程式庫時，你會執行 `npm install --save-dev @types/lodash`。這些型態宣告可以協助型態流經你的程式碼，並在你使用程式庫時浮現問題。

如果你的程式呼叫外部的 API，你也要儘早為它們加入型態宣告。雖然這些呼叫可能在你的程式中的任何地方發生，但是這樣做也符合「從依賴關係圖的底部往上處理」的精神，因為你依賴 API，但它們沒有依賴你。許多型態都是從 API 呼叫流出的，它們通常很難從背景推斷。如果你可以找到 API 的規格，可以用它們來生成型態（見項目 35）。

當你遷移自己的模組時，將依賴關係圖視覺化是有幫助的。圖 8-3 是中型 JavaScript 專案的範例圖，它是用優秀的 `madge` 工具做成的。

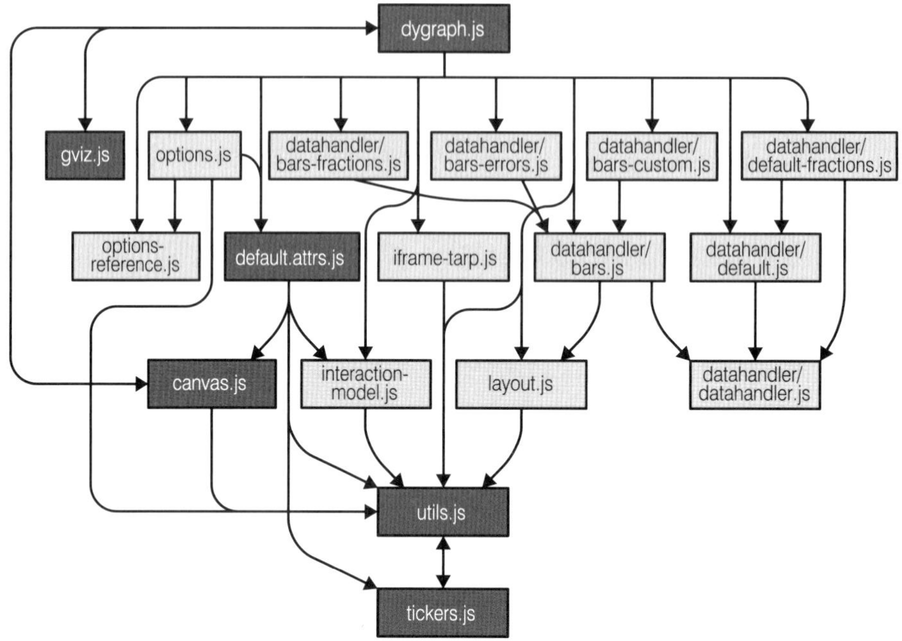

圖 8-3　中型 JavaScript 專案的依賴關係圖，箭頭代表依賴關係，深色的方塊代表該模組涉及環狀依賴關係

在這張依賴關係圖的最下面，*utils.js* 與 *tickers.js* 之間有環狀依賴關係，許多其他的模組也依賴它們，但它們只依賴彼此。這個模式很常見：大部分的專案在依賴關係圖的底部都有某種工具模組。

當你遷移程式時，請把注意力放在添加型態上，而不是重構上。如果你的專案是舊專案，你很有可能發現奇怪的事情，並且想要修正它們，不要衝動！你的當務之急是將專案轉換成 TypeScript，不是改善它的設計。所以你應該先寫下你發現的代碼異味，並且列出未來的重構清單。

當你轉換成 TypeScript 時，經常會犯下一些常見的錯誤，有些已經在項目 59 說過了，以下是尚未提過的：

未宣告的類別成員

JavaScript 的類別不需要宣告它們的成員，但是 TypeScript 的類別需要。當你將類別的 *.js* 檔改名為 *.ts* 時，你參考的每一個屬性都有可能顯示錯誤：

```
class Greeting {
  constructor(name) {
    this.greeting = 'Hello';
      // ~~~~~~~~ 'Greeting' 型態沒有 'greeting' 屬性
    this.name = name;
      // ~~~~ 'Greeting' 型態沒有 'name' 屬性
}
  greet() {
    return this.greeting + ' ' + this.name;
              // ~~~~~~~~              ~~~~ … 屬性不存在
  }
}
```

有一種簡便的做法可以修正這種錯誤（見圖 8-4），你應該好好利用它。

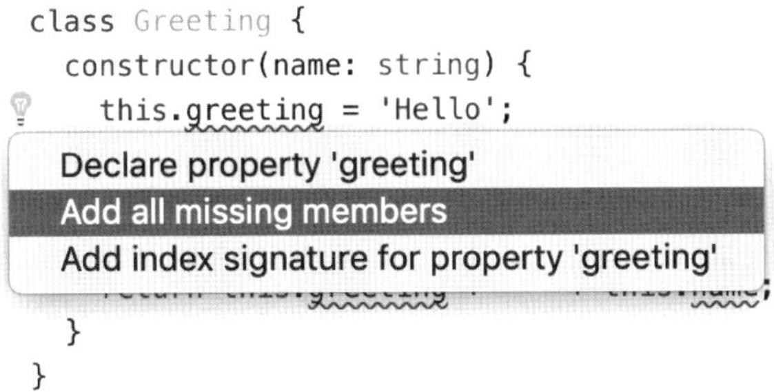

圖 8-4　「為缺漏的成員加入宣告」這類的快速修正功能在你將類別轉換成 TypeScript 時特別好用

它會根據使用情況將缺漏的成員加入宣告式：

```
class Greeting {
  greeting: string;
  name: any;
  constructor(name) {
    this.greeting = 'Hello';
    this.name = name;
  }
  greet() {
    return this.greeting + ' ' + this.name;
  }
}
```

TypeScript 能夠讓 greeting 有正確的型態，但無法讓 name 有正確的型態。在使用這個快速修正之後，你應該看一下屬性清單，並修正 any 型態。

如果這是你第一次看到類別的完整屬性清單，你可能會被嚇一跳。當我轉換 *dygraph.js* 裡面的主類別時（圖 8-3 的根模組），我發現它的成員變數有 45 個以上！當你遷移至 TypeScript 時，你會發現這類以前不易察覺的不良設計。當你被迫盯著一個不良的設計時，你就難以對此辯解。但是再次強調，暫時按下重構的衝動。記下這些怪異的設計，改天再想想如何修正它。

會改變型態的值

TypeScript 會抱怨這種程式：

```
const state = {};
state.name = 'New York';
   // ~~~~ '{}' 型態沒有 'name' 屬性
state.capital = 'Albany';
   // ~~~~~~~ '{}' 型態沒有 'capital' 屬性
```

項目 23 已經深入討論過這個主題了，所以當你看到這個錯誤時，或許要複習一下那個項目。如果修正它很麻煩，你可以一次建立物件：

```
const state = {
  name: 'New York',
  capital: 'Albany',
};  // OK
```

如果不麻煩，這就是使用型態斷言的好機會：

```
interface State {
  name: string;
  capital: string;
}
const state = {} as State;
state.name = 'New York';  // OK
state.capital = 'Albany';  // OK
```

你最終還是要解決這個問題（見項目 9），目前的做法只是為了協助你遷移的權宜之計，

如果你用過 JSDoc 與 `@ts-check`（項目 59），小心你可能會因為轉換至 TypeScript 而**失去**型態安全性。例如，TypeScript 會在這段 JavaScript 中指出錯誤：

```
// @ts-check
/**
 * @param {number} num
```

```
 */
function double(num) {
  return 2 * num;
}

double('trouble');
    // ~~~~~~~~~ '"trouble"' 型態的引數不能指派給
    //           'number' 型態的參數
```

當你轉換成 TypeScript 時，@ts-check 與 JSDoc 就不會被實施了，也就是說，num 的型態是隱性的 any，所以沒有錯誤：

```
/**
 * @param {number} num
 */
function double(num) {
  return 2 * num;
}

double('trouble'); // OK
```

幸好有一種快速的修正方式可將 JSDoc 型態移到 TypeScript 型態。如果你有任何 JSDoc，你就要使用圖 8-5 的功能。

```
/**
 * @param {number} num
 
function double(num) {
  Annotate with type from JSDoc
}

double('trouble');  // OK
```

圖 8-5　快速將 JSDoc 註記複製到 TypeScript 型態註記的功能

將型態註記複製到 TypeScript 之後，務必在 JSDoc 中移除它們，以避免重複（見項目 30）：

```
function double(num: number) {
  return 2 * num;
}
```

```
double('trouble');
    // ~~~~~~~~~ '"trouble"' 型態的引數不能指派給
    //           'number' 型態的參數
```

這個問題也會在你打開 noImplicitAny 時被抓到，但你現在也可以加入型態。

最後你要遷移測試。它們應該在你的依賴關係圖的最上面（因為你的程式不依賴它們），在遷移的過程中知道測試都是 pass 的是很有幫助的，儘管你完全沒有更改它們。

請記住

- 在開始遷移時，幫第三方模組與外部 API 呼叫加上 @types。
- 從依賴關係圖的最下面開始往上遷移你的模組。第一個模組通常是某種工具程式。你可以將依賴關係圖視覺化，來協助你掌握進度。
- 當你發現奇怪的設計時，暫時按下重構程式的衝動，記下你認為未來該如何重構的想法，先把注意力放在 TypeScript 轉換上。
- 注意在轉換時經常出現的錯誤。在必要時複製 JSDoc 註記，以避免在轉換時失去型態安全性。

項目 62：在啟用 noImplicitAny 之前，不要認為遷移已經完成了

將整個專案轉換成 *.ts* 是一項很大的成就，但是此時你的工作還沒有完成。你的下一個目標是打開 noImplicitAny 選項（項目 2）。你應該將尚未打開 noImplicitAny 的 TypeScript 程式碼視為過渡性的，因為它會掩蓋你在型態宣告中犯下的錯誤。

例如，你可能使用「Add all missing members」快速修正功能，在類別中加入屬性宣告（項目 61），你留下一個 any 型態，而且想要修正它：

```
class Chart {
  indices: any;

  // ...
}
```

indices 看起來應該是個 number 陣列，所以你插入該型態：

```
class Chart {
  indices: number[];

  // ...
}
```

因為沒有產生新的錯誤，所以你繼續工作，遺憾的是，你犯下一個錯誤：number[] 是不正確的型態。這是在這個類別裡面的另一個地方的程式碼：

```
getRanges() {
  for (const r of this.indices) {
    const low = r[0];  // 型態是 any
    const high = r[1];  // 型態是 any
    // ...
  }
}
```

顯然 number[][] 或 [number, number][] 是比較精確的型態。可以檢索 number 這件事有沒有讓你嚇一跳？你可以從這裡看到，如果沒有 noImplicitAny，TypeScript 是多麼寬鬆。

當你打開 noImplicitAny 時，它就會變成錯誤了：

```
getRanges() {
  for (const r of this.indices) {
    const low = r[0];
             // ~~~~ 元素有個隱性的 'any' 型態，因為
             //      'Number' 型態沒有索引簽章
    const high = r[1];
             // ~~~~ 元素有個隱性的 'any' 型態，因為
             //      'Number' 型態沒有索引簽章
    // ...
  }
}
```

有一種很好的做法是在你的區域用戶端裡面啟用 noImplicitAny，並且開始修正錯誤。型態檢查器指出的錯誤的數量可讓你充分掌握進度。你可以提交型態修正，但不提交 *tsconfig.json* 的修改，直到你將錯誤的數量降為零為止。

你還可以用許多其他的設定來提升型態檢查的嚴格性，終極的設定是 "strict": true。但是 noImplicitAny 是最重要的一種，可讓專案獲得 TypeScript 的絕大部分好處，即使

你沒有採用其他的設定，例如 `strictNullChecks`。在你採用更嚴格的設定之前，請先讓團隊的所有成員有機會熟悉 TypeScript。

請記住

- 除非你打開 `noImplicitAny`，否則不要認為 TypeScript 遷移已經完成了。寬鬆的型態檢查可能掩蓋型態宣告中的錯誤。
- 在啟用 `noImplicitAny` 之前，先逐漸修正型態錯誤。先讓你的團隊習慣 TypeScript，再啟用更嚴格的檢查。

索引

※ 提醒您：由於翻譯書排版的關係，部份索引名詞的對應頁碼會和實際頁碼有一頁之差。

符號

A

B

C

D

E

F

G

H

I

J

K

L

M

N

O

P

R

S

T

U

V

W

Y

Z

關於作者

Dan Vanderkam 是 Sidewalk Labs 的首席軟體工程師。他曾經在西奈山的伊坎醫學院開發基因組視覺化的開放原始碼，也曾經為 Google 開發搜尋功能（搜尋「sunset nyc」或「population of france」），目前已經有數十億人用過它了。他長期以來都在建構開放原始碼專案，他也是 NYC TypeScript Meetup 的共同創辦人。

在編寫程式之外的時間，Dan 喜歡攀岩和打橋牌。他也會在 Medium 和 *danvk.org* 寫作。他在德州的 Rice 大學取得計算機科學學士學位，目前住在紐約的布魯克林。

出版記事

在 *Effective TypeScript* 封面的動物是紅嘴牛椋鳥（*Buphagus erythrorhynchus*）。這種鳥類棲息在非洲東部，從北方的衣索比亞和索馬利亞到南非的一些區域都有牠的蹤跡；但是這種鳥幾乎一輩子都住在放牧動物的活動範圍之內。

紅嘴牛椋鳥是歐椋鳥和八哥的近親，但牠們屬於不同的族群。牠的身長大約 8 英寸，體重大約 2 盎司，頭部、背部和尾部是樹皮褐色，腹部的顏色較淺。牠們最醒目的特徵是紅色的喙，以及被黃色圓圈包圍的紅眼睛。

這一種鳥很在乎哪裡可以找到食物，以及如何找到食物：紅嘴牛椋鳥的主食是壁蝨和其他的動物寄生蟲，牠們會停在動物身上覓食。牠們的宿主通常是羚羊（例如角羚和黑斑羚），以及斑馬、長頸鹿、水牛和犀牛等大型動物（大象不喜歡牠們）。紅嘴牛椋鳥已經演化出可協助尋找食物的特徵，例如可以穿過動物濃密毛髮的扁型喙、可抓住牠們的宿主的利爪和硬尾。這些鳥類甚至會在宿主身上求偶，僅在築巢季節才離開。母鳥會在獸群附近的巢穴（用宿主的毛做成的）中養育三隻幼鳥，以便同時餵飽自己和幼鳥。

這種鳥與宿主的關係是一種鮮明且經典的互惠共生（物種之間的互利行為）案例。但是最近的研究指出，牛椋鳥的進食習性不會明顯影響宿主的寄生蟲數量，有些研究也指出，牛椋鳥實際上會讓動物的傷口保持未癒合狀態，以便食用牠們的血液。

紅嘴牛椋鳥在牠們的棲息地仍然很常見，儘管殺蟲劑是一個潛在的威脅，但因為牠們的食物來源包含家畜，所以數量很穩定。O'Reilly 書籍封面的許多動物都是瀕危的，牠們對這個世界都很重要。

封面插圖的作者是 Jose Marzan，取材自 *Elements of Ornithology* 的黑白版畫。

Effective TypeScript 中文版｜提昇 TypeScript 技術的 62 個具體作法

作　　者：Dan Vanderkam
譯　　者：賴屹民
企劃編輯：蔡彤孟
文字編輯：江雅鈴
設計裝幀：陶相騰
發 行 人：廖文良

發 行 所：碁峰資訊股份有限公司
地　　址：台北市南港區三重路 66 號 7 樓之 6
電　　話：(02)2788-2408
傳　　真：(02)8192-4433
網　　站：www.gotop.com.tw
書　　號：A625
版　　次：2020 年 05 月初版
建議售價：NT$580

國家圖書館出版品預行編目資料

Effective TypeScript 中文版：提昇 TypeScript 技術的 62 個具體作法 / Dan Vanderkam 原著；賴屹民譯. -- 初版. -- 臺北市：碁峰資訊, 2020.05
面；　公分
譯自：Effective TypeScript
ISBN 978-986-502-485-7(平裝)
1.Java(電腦程式語言)　2. JavaScript(電腦程式語言)
312.32J3　　109005429

讀者服務

- 感謝您購買碁峰圖書，如果您對本書的內容或表達上有不清楚的地方或其他建議，請至碁峰網站：「聯絡我們」\「圖書問題」留下您所購買之書籍及問題。(請註明購買書籍之書號及書名，以及問題頁數，以便能儘快為您處理)
http://www.gotop.com.tw

- 售後服務僅限書籍本身內容，若是軟、硬體問題，請您直接與軟體廠商聯絡。

- 若於購買書籍後發現有破損、缺頁、裝訂錯誤之問題，請直接將書寄回更換，並註明您的姓名、連絡電話及地址，將有專人與您連絡補寄商品。